灌区量水实用手册

张义强　刘惠忠　付国义　编著

中国水利水电出版社
www.waterpub.com.cn

内 容 提 要

　　本手册根据灌区渠道量水工作实际需要，收集整理了适用于灌区渠道量水的技术、方法和经验，可供渠道量水工作人员参考使用，也可作为灌区渠道量水工作人员的培训教材。

图书在版编目（CIP）数据

灌区量水实用手册/张义强，刘惠忠，付国义编著
—北京：中国水利水电出版社，2016.5（2017.2 重印）
ISBN 978 - 7 - 5170 - 4478 - 9

Ⅰ.①灌… Ⅱ.①张…②刘…③付… Ⅲ.①灌区-
灌溉水-测量-手册 Ⅳ.①S274.4 - 62

中国版本图书馆 CIP 数据核字（2016）第 142170 号

书　　名	灌区量水实用手册
作　　者	张义强　刘惠忠　付国义　编著
出版发行	中国水利水电出版社 （北京市海淀区玉渊潭南路 1 号 D 座　100038） 网址：www. waterpub. com. cn E-mail：sales@ waterpub. com. cn 电话：（010）68367658（营销中心）
经　　售	北京科水图书销售中心（零售） 电话：（010）88383994、63202643、68545874 全国各地新华书店和相关出版物销售网点
排　　版	中国水利水电出版社微机排版中心
印　　刷	北京瑞斯通印务发展有限公司
规　　格	145mm×210mm　32 开本　7.25 印张　195 千字
版　　次	2016 年 5 月第 1 版　2017 年 2 月第 2 次印刷
印　　数	2001—3500 册
定　　价	**28.00 元**

序

　　灌区渠道量水工作对灌溉系统节约用水、合理灌溉、科学调配水资源有重要意义，对评价灌溉系统各级渠道的输水损失及田间用水效率十分重要，还可为收取水费提供公平合理的依据，也是实行灌区信息化管理的重要基础。国家对灌溉渠道的量水工作十分重视，水利部门曾多次召开全国性的量水工作会议，多次举办量水学习班，交流量水技术研究与应用的经验，科技部门也将"灌区量水新技术研究"列入攻关内容，2007年国家还颁布了我国第一部灌溉渠系量水规范。这些对推进我国量水工作的开展和量水技术的创新与提高都起到了非常重要的作用。

　　内蒙古河套灌区灌溉渠道坡降平缓，渠道中泥沙含量高，流量变幅大，渠道多呈宽浅式，这些特点为量水工作带来不少困难，现有的其他地区应用较好的量水设施或技术在河套灌区多不适用。河套灌区灌溉管理总局对此问题十分重视，组织多方力量进行研究，从上世纪80年代起就积极引进国内外先进的量水技术和设备，并建立量水试验场，自主研发适合河套灌区的设备。这些工作既反映内蒙古河套灌区管理总局的远见，也大大地提高了河套灌区的量水技术水平。

本手册总结了河套灌区长期应用的量水技术、设施及使用经验，介绍了在河套灌区使用并取得成功的量水设备与技术（流速仪测流技术的改进、闸前短管量水分水建筑物、文丘利量水槽、抛物线形量水槽、机翼型量水槽、浑水流量计、自动测流仪、DGN－1流量计等），以及其他地区应用成功的先进测流技术和设备（声学流量计、建筑物量水技术等），还介绍了 Excel 表格在设计量水建筑物中的应用方法。相信本手册的出版将会对河套灌区的量水工作带来新的提高，也会为我国其他类似灌区的量水工作提供借鉴。

西北农林科技大学水利与建筑工程学院
朱凤书
2015 年 6 月

前言

渠道量水是灌区管理工作的组成部分，是合理利用、调度灌溉水资源，正确执行用水计划，实施计划用水、科学用水的一项必要措施，也是灌区水费计收的重要手段和依据。因此，灌区量水是水利管理部门和水利管理工作者的重要工作职责。

为了促进灌区量水工作的开展，提高灌区管理人员测流量水技术水平，做到科学量水、公平收费、优质服务，由巴彦淖尔市水利科学研究所、内蒙古河套灌区管理总局供水管理处组织有关技术人员，总结河套灌区多年的量水工作经验，参考国内外其他灌区的量水技术，编写了《灌区量水实用手册》，供灌区量水人员参考使用。

本手册编写过程中，得到了河套灌区管理总局领导和有关处室的全力支持，也得到了西北农林科技大学朱凤书教授的悉心指导，初稿经朱教授两次修改后，又经河套灌区邱进宝、张三红、韩永光、康志坚、李延林、步丰湖、刘永河、杜计才、徐宏伟等领导和专家审核后定稿。在本手册编撰修改过程中，也得到巴市水利科学研究所张云、水务集团公司王鹏的倾力相助，在此一并致谢。

由于水平有限，经验不足，疏漏之处，恳请有关专家、技术人员批评指正。

作者

2015 年 5 月

目录

第一章

量水测站的设置

一、量水测站的分类和作用

量水测站分基本测站和辅助测站两类。

1. 基本测站

（1）灌溉水源测站：用于计算灌溉渠系的引水量，观察进入渠系段的流量、水位变化情况，分析与渠首引入流量之间的关系，指导水量调度工作。

在河流上直接取水的灌区，水源测站应布设在引水口上游约20～100m的平直河段上，以保证能观察到满足测量精度的水位-流量关系，水源站位置应不受闸门启闭和建筑物壅水的影响。

从水库取水的灌区，须在库床上游河流上加设测点。

（2）引水渠首（如总干渠、干渠、分干渠）测站：用以观察从灌溉水源引入渠系的流量与水位变化情况，指导灌区水量调配工作。量水测站布设在引水口下游50～100m的渠道顺直、水流平稳、无杂草淤积的渠段处。也可利用完整无损、具有量水条件的进水建筑物量水。

（3）配水渠首（如支渠、斗渠）测站：用以计算和分配灌溉网络的水量，观察上一级渠道的水量及渠道输水损失量。测站布设在配水闸以下 30～80m 范围内的水流平稳渠段处。也可利用配水闸量水。

（4）分水点（如斗渠、农渠）测站：用以量测计算用户需水量，观察上一级配水渠配得的水量及渠道间的输水损失。测站布设在分水渠渠首以下 10～30m 以内水流平稳渠段处。也可选择符合量水条件的进水建筑物量水。

2. 辅助测站

（1）平衡测站：应设在渠首引水口下游渠段具有退水功能的灌溉渠道末端、退水渠首及排水渠道枢纽处，观察灌区引入水量及退水量。也可利用现有测站及渠系建筑物进行量水。

（2）专用测站：为观察、收集必需的测流资料（如渠道输水损失和糙率系数、流速、流量与冲淤平衡关系等）而设。应尽可能利用现有测站及建筑物量水。如现有条件不能满足要求时，可增设专用测站。

二、布置量水网站的程序及要求

1. 布置量水网站的程序

（1）在布设灌区渠道量水测站时，应根据灌区渠系测水站网的作用、量水任务与要求，在灌区渠系平面图上进行全面规划，统一布设。

（2）实地勘察，确定测站位置。

（3）设立标志，施测断面，鉴别建筑类型，或安置特设量水设备。

（4）测站布设完毕后，应将测站类别、位置、使用测流方法等编制列册，并分别标示在灌区渠系平面布置图上，以备查用。

2. 布置量水网站的渠段应满足的基本要求

（1）渠床（底和岸）都应相对稳定。

（2）测试渠段应位于壅水影响范围以外，附近没有影响水流的建筑物、杂草等。

（3）量水测站的渠段应顺直，具有规则的横断面，保证水流处于均匀流状态。渠道上的测段长度不应小于渠道平均水深时渠道宽度的 5 倍。

（4）在满足测水要求的前提下，测站的布设应以经济适用为原则，尽量减少测站数目，最好是一站多用，以节省人力物力。

第二章

量水方法的选择

一、量水方法的选择

（1）利用水工建筑物量水。这是一种经济简便的方法，凡有条件的地方应尽量利用。

（2）利用水尺量水。即在断面稳定均直、没有壅水影响的渠段内设置水尺，利用率定好的水位流量图表量水。该法经济简便，但不适用于含沙量大、经常有落淤现象的渠道。

（3）利用特设的量水设备量水。该法成果精确，适用于小流量渠道量水，但建设成本较高。一般用于末级渠道，以及没有可供利用的渠系建筑物或者利用渠系建筑物达不到量水精度要求时。

（4）利用流速仪量水。该法成果精确，但施测和计算复杂。

（5）利用浮标量水。该法经济简便，但精度低。

（6）利用水表量水。管道或水泵供水时，可采用水表量水。

二、渠系量水设施的选择因素

（1）根据灌区基本情况和量水精度要求，选择确定相应的量水方法。

（2）根据渠道水力边界条件，对量水设施作出具体选型。

（3）对所选的型式进行经济比较，再进行量水设施的设计。

三、量水设施选型的基本要求

（1）水头损失。利用特设量水设施量水时，一般都会造成一定的水头损失，使上游的水位壅高，因此，努力减少量水水头损失是平原灌区（地面平坦、渠道坡降缓）选定量水设施时应首先考虑的因素，水头损失一般不宜大于5～15cm。

（2）测流范围。测流范围尽可能要大，即最大流量与最小流量之比应尽可能大，量水设施的过水能力应与渠道过水能力相适应。

（3）抗干扰（杂物或泥沙）能力强。在明渠水流中，会含有大量的杂物（杂草、树枝、漂浮物）及泥沙等，应对各种不同情况，采取不同的量水设施。

（4）量水设施应具有较高的灵敏度。

（5）量水精度。《灌溉渠道系统量水规范》（GB/T 21303—2007）中要求量水精度随机误差控制在95％范围内。

（6）上游行进渠道。一般要求量水设施上游行进渠道的顺直长度大于渠道最大流量时水面宽度的3～5倍。

（7）下游渠道。下游渠道应使通过量水设施的水流得到充分扩散，尽可能使过流处呈自由出流形态，这样测流计算简捷，并能保证测流精度。有的量水建筑物可以在淹没流条件下工作，但它也有一定淹没范围，淹没度不得超过0.95，否则量水精度就无法保证。

（8）量水设施与渠道断面的关系。过流堰板、槽、槛和其他型式的过水断面要与水流方向正交，过水断面中心线应与水流轴线相吻合，渠道岸墙、槽底垂直等必须符合GB/T 21303—2007"第七章　堰槽量水"有关规定。

第三章

流 速 仪 量 水

流速仪测流精度较高，是目前江河渠道测流量水普遍采用的一种方法。但测流及计算过程较费时、繁琐。在没有水工建筑物和特设量水设备时，通常利用流速仪测流量水。利用流速仪还可校正其他量水建筑物的流量系数，做为此测手段和工具。

一、流速仪的种类、性能和测流原理

1. 流速仪的种类

国产流速仪一般为机械转子式，可分为纵轴和横轴两大类共九种，分别适用于河、湖、库、渠的测流。纵轴流速仪以 LS68-2 型旋杯式为代表，横轴流速仪以 LS25-1 型旋桨式为代表，如图 3-1、图 3-2 所示，适用范围见表 3-1。

2. 流速仪的性能

（1）坚固情况：旋杯式流速仪的部件细弱，易受外力损伤，泥沙容易浸入内部；旋桨式流速仪的部件坚固，有一定的抗外力损伤能力，泥沙不易浸入。

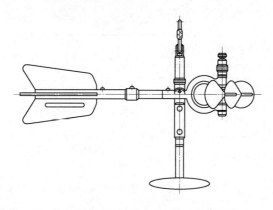

图 3-1　LS68-2 型旋杯式流速仪外形图

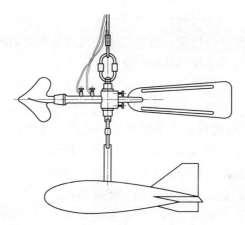

图 3-2　LS25-1 型旋浆式流速仪外形图

表 3-1　　　　部分国产流速仪的施测范围和主要用途

类型	型号	测速范围 /(m/s)	测深范围 /m	主　要　用　途
旋浆式	LS25-1	0.06~5.0	0.2~2.4	适用于江河、湖泊、水库、渠道测速
	LS10	0.10~4.0	>0.10	体积小，适用于江河、渠道及野外水利查勘
	LS12	0.05~7.0	>0.10	体积小，适用于江河、水电站、闸坝及渠道测速
	LS20	0.03~5.0	0.2~4.0	适用于江河、湖泊、渠道测速，配有直读流速装置

类型	型号	测速范围 /(m/s)	测深范围 /m	主 要 用 途
旋浆式	LS25-3	0.04~10.0	0.2~40	适用于水电站压力管道、洪道高速水流测量
	LS-1	0.20~5.0	0.2~24	适用于江河、湖泊、渠道测速，配有直读流速装置
旋杯式	LS68	0.20~3.5	>0.2	适用于结构简单、漂浮物少、流速不太大的河流测速
	LS68-2	0.02~0.5	>0.2	适用于河流、湖泊、水库测量低流速
	LS43	0.015~0.5	0.05~0.5	适用于浅水河流及明沟、灌排渠道测量低流速

（2）抗漂浮物情况：旋杯式流速仪易被漂浮物缠住，旋浆式流速仪有一定的避让漂浮物的能力。

（3）侧向流速影响情况：旋杯式流速仪对测向流速感应灵敏，有横向分速时，可全测得，因而它测得的是最大流速（即合速），不能直接测得垂直于横断面的流速。在斜流中用旋杆吊挂旋装流速仪，可以直接测得垂直于断面的流速。

（4）流速脉动影响：在脉动和流向混合影响下，旋杯式流速仪成果偏大，旋浆式流速仪测得流速偏小。

（5）垂直偏转角影响：当垂直偏角在5~10°范围时，旋杯式流速仪可使流速偏小，最大误差可达5%；旋浆式流速仪可使流速偏小3%左右。

3. 流速仪的测流原理

流速仪测速，是靠其旋转部分（转子）转动而实现的。当流速仪放入水中之后，转子受水流冲击转动起来，水流速度越快，转子的转速也越快，呈正比例关系，可用下式表示：

$$v = KN + C \qquad (3-1)$$

式中　　v——流速，m/s；

　　　N——转子转率，r/min，即转子总转数与相应的流速历时之比；

K——系数，由厂家率定；

C——仪器的摩阻系数或称启动流速，由厂家率定，m/s。

流速仪以其转子的转速快慢，来反映水流速度的快慢。这就是利用流速仪测定水流速度的根据。

由于每架仪器的转动部分及零配件的几何形状、光洁度、尺寸公差都不是绝对相同的，因此每架流速仪转子的灵敏度不尽相同，这就使得每架流速仪转子的转速与水流之间的函数关系也不完全相同，即公式中 K 和 C 的数值不同。故每架流速仪都有它自己特有的流速计算公式，使用哪架仪器，就要用该仪器自己的计算公式。流速计算公式是由厂家或水文仪器检测部门检定出来的。

流速仪转子的转速，是通过电路传导、电铃计数、秒表计时，经计算而得出的，旋杯（或旋浆）式流速仪转子转动 5r（或 20r），电路接通一次，即电铃响一次。统计时段内（100s 以上）电铃的响次，乘以 5（或 20）即为旋杯（或旋浆）式流速仪转子的总转数，进而利用式（3-1）求出水流速度。

4. 流速仪显示器

流速仪显示器，是为简化测速程序、配合流速仪使用的流速显示器。通过信号传输电路与流速仪连接可直接显示出一定时间内的平均流速，简化了测速程序，提高了流速仪测速的工作效率。

二、流速仪测流的基本方法

流速仪测量渠道流量是利用面积～流速法，即利用流速仪分别测出若干部分面积的垂直于过水断面的部分平均流速，然后乘以部分过水面积，求得部分流量，再将各部分流量相加即为全断面流量。

从水力学的紊流理论和流速分布理论可知，每条垂线上不同位置的流速大小不一，而且同一个点的流速具有脉动现象。所以，用流速仪测量流速，一般要测算出点流速的时间平均值和流速在断面内的空间平均值，即通常说的测点时均流速、垂线平均流速和部分平均流速。

流速仪测流，在不同时期或不同要求情况下，可采用不同的方法。根据不同精度要求及操作繁简的差别，分为精测法、常测法、简测法。

（1）精测法。精测法是在断面上用较多的垂线，在垂线用较多的测点，而且测点流速要消除脉动影响的测量方法。此法用以研究各级水位下测流断面的水流规律，为以后简化测流工作提供依据。

（2）常测法。常测法是在保证一定精度的前提下，在较少的垂线、测点上测速的一种方法。此法一般以精测资料为依据，经过精简分析，精度达到要求时，即可作为经常性的测流方法。

（3）简测法。简测法是在保证一定精度的前提下，经过精简分析，用尽可能少的垂线、测点测速的方法。简测法只能在水流平缓、断面稳定的渠道上应用，可选用单线多点法。

三、流速仪测流的工作内容

流速仪测流的工作内容主要包括：选择断面、布设测线、测量断面及水深、施测流速、计算流量等。

1. 选择测流渠段及断面

为保证测流成果的准确性，测流渠段断面应满足下列条件：

（1）测流渠段应平直，水流要均匀（水中无旋涡或回流，不翻水花，水面平稳）。

（2）测流渠段的纵断面应比较规则、稳定。

（3）测流断面的设置应与水流方向垂直。

（4）测流断面附近没有影响水流的建筑物和树木杂草等。若测流断面在建筑物下游，应不受建筑物泄流影响。

为了满足上述要求，对于不规则的土渠，应采用衬砌整治，把测流渠段做成标准断面（如梯形断面），标准断面长度不小于渠道平均水深的 30 倍；对于输水渠道流量在 $100\text{m}^3/\text{s}$ 以上的大

型渠道，其标准段长度应适当加长，一般大于渠道平均水深的
50倍。

2. 测线布设

测流断面上测线的数目和位置，直接影响过水断面面积和部
分平均流速测量精度。因此在拟定测线布设方案时要进行周密的
调查研究。

在比较规则整齐的渠床断面上，任意两条测线的间距，一般
不大于渠宽的1/5；在形状不规则的断面上，其间距不大于渠宽
的1/20。测线应均匀分布，且能控制渠床变化的主要转折点。
一般在渠道坡角处、水深最大点、渠底起伏转折点都应设置
测线。

测线的数目与过水断面的宽深比有关。

（1）精测法的测线数目与宽深比的关系式为：

$$N = 2 \sqrt{\frac{B}{\overline{D}}} \qquad (3-2)$$

式中　N——测线数目；

　　　B——水面宽，m；

　　　$\overline{D}$——断面平均水深，m。

（2）常测法的测线数目与宽深比的关系式为：

$$N = \sqrt{\frac{B}{\overline{D}}} \qquad (3-3)$$

式中　符号意义同前。

（3）简测法的测线数目及其布置，应通过精简分析确定。主
流摆动剧烈或渠床不稳定的测站，测线不易过少，测线位置应优
先分布在主流上。在流速最大点、最小点等应设测线。测线较少
时，应尽量避开水流不平稳和紊动大的岸边或回流区附近。

由于灌溉渠道断面一般比较规则，有些测站修建了标准断
面，故可在测线处既测水深又测流速。

根据实际情况测线可等距离布设。若过水断面对称、水流对
称，则测线尽量对称布设。平整断面上不同水面宽度的测线间距

布设见表 3-2。

水面宽度/m	测线间距/m	测线数目
20～50	2.0～5.0	10～20
5～20	1.0～2.5	5～8
1.5～5	0.25～0.6	3～7

3. 断面测量

断面测量包括测线间距测量和水深测量。在固定测桥上测流时，测线间距一般在布置测线时设置固定标志，其间距均事先测出，测流时只需测量水边宽度。缆道测流时，测线间距是由循环索控制、水文绞车计数器显示的，因此计数器的读数与循环索的行进距离之间的比例应率定准确。

水深测量多用测杆或悬索直接观读。用悬索测深时，由于水流的冲击作用，入水后悬索向下游偏斜，一般偏角不大时，将湿绳长度视为水深。若偏角大于 10°时，则需修正湿绳长度的水深值。

用测杆测深时，往往有壅水现象，因此要修正壅水影响的水深误差，即在观读水深时减去壅水高度。在混凝土衬砌的断面上测流，水深测量应注意测杆底盘下面一段尖端的高度，根据分划刻度的起始位置进行相应的处理。无论使用何种测具测量水深，测量时都应保持垂直状态。

衬砌的标准测流断面上，若断面无淤积，水流稳定时，可以设置固定水尺，用水准仪测出水尺零点与各测线处渠底的高差，测深时以水尺读数加减各测线处渠底与水尺零点的高差，就得到每条测线处的实际水深值。即：

$$H_0 = h + \Delta h_0 \tag{3-4}$$

式中　　H_0——第 n 条测线处的实际水深，m；

　　　　h——水尺读数，m；

　　　　Δh_0——第 n 条测线处渠底与水尺零点的高差，m。

4. 流速测量

流速测量的方法通常有积深法和积点法。

（1）积深法。积深法是流速仪沿测线均匀升降过程中直接测出断面平均流速的方法。从理论上讲，在不考虑其他影响因素时，此法具有较高的精度。积深法的测线平均流速计算公式为：

$$v_m = \frac{1}{D}\int_0^D v\mathrm{d}y \qquad (3-5)$$

式中　v_m——测线平均流速，m/s；

$\quad\quad D$——测线水深，m；

$\quad\quad v$——测线上任一深度 y 处的流速，m/s。

（2）积点法。积点法是在测线上按一定规律布置有限的测点施测点流速，根据测得的各点流速，推算测线平均流速。

积点法测速在测线上的分布规律，对于明渠测流，一般采用普朗德-卡门对数模式：

$$v_n = v_m(1.116 + 0.267\log n) \qquad (3-6)$$

式中　n——相对水深，$n = Y/D$，Y 为自渠底算起的测点深，D 为测线水深；

$\quad\quad v_n$——测线上相对水深 n 处的流速，m/s；

$\quad\quad v_m$——测线平均流速，m/s。

以 $v_m = 1$，并以不同的 n 值代入式（3-6），可求得测线的相对水深与流量的关系，见表 3-3。

表 3-3　　　　　　　　当 $v_m = 1$ 时，n 与 v 的关系

n	1.0	0.9	0.8	0.7	0.6	0.5	0.4	0.3	0.2	0.1	0.01
v	1.12	1.10	1.09	1.07	1.06	1.04	1.01	0.98	0.93	0.85	0.58

根据测线流速分布规律，施测测线上若干个有代表性的测点流速，即可推出测线平均流速。

5. 断面流量计算

（1）计算流量的方法。

1）一点法：施测测线上一个点的流速，代表测线的平均流

速。测点设在测线水深的十分之六处（自水面向下计算）。将流速仪固定在该点，实测的流速就是这条测线的测线平均流速：

$$v_m = v_{0.6} \qquad (3-7)$$

式中　v_m——测线平均流速，m/s；

　　　$v_{0.6}$——测线水深十分之六处的流速，m/s。

2）二点法：测点设在测线水深的十分之二、十分之八处（自水面向下计算），两个测点流速的平均值即为测线平均流速：

$$v_m = (v_{0.2} + v_{0.8})/2 \qquad (3-8)$$

式中　v_m——测线平均流速，m/s；

　　　$v_{0.2}$——测线水深十分之二处的流速，m/s；

　　　$v_{0.8}$——测线水深十分之八处的流速，m/s。

3）三点法：测点设在测线水深的十分之二、十分之六、十分之八处（自水面向下计算），3个测点流速的平均值或加权平均值即为测线平均流速：

$$v_m = (v_{0.2} + v_{0.6} + v_{0.8})/3 \qquad (3-9)$$

或　　　　　$$v_m = (v_{0.2} + 2v_{0.6} + v_{0.8})/4 \qquad (3-10)$$

式中　符号意义同前。

4）五点法：测点设在水面、水底，以及测线水深的十分之二、十分之六、十分之八处（自水面向下计算），5个测点流速的加权平均值即为测线平均流速：

$$v_m = (v_{0.0} + v_{0.2} + v_{0.6} + v_{0.8} + v_{1.0})/10 \qquad (3-11)$$

式中　$v_{0.0}$——测线自水面向下5cm左右处施测（即不露仪器的旋转部件为准）的流速，m/s；

　　　$v_{1.0}$——测线自水面向下计算水深为渠底处（离开渠底2～5cm，即仪器的旋转部件以不刮碰渠底为准）的流速，m/s；

其他符号意义同前。

14

施测中，具体采用几点法，要根据测线水深来确定。多点法较少点法更精确一些，但测线上流速测点的间距，不宜小于流速仪旋浆或旋杯的直径。为了克服流速脉动的影响，每个测点的测速历时均在 100s 以上，但最多不得超过 300s。不同水深的测速方法见表 3-4。

表 3-4　　　　　　　　**不同水深的测速方法**

总干渠、干渠、 分干渠	水深/m	>3.0	1.0~3.0	0.8~1.0	<0.8
	测速方法	五点法	三点法	二点法	一点法
支渠、斗渠、 农渠	水深/m	>0.5	0.5~1.5	0.3~0.5	<0.3
	测速方法	五点法	三点法	二点法	一点法

此外，在短历时测验中，开关停表计时可能引起较大误差。因此，测速历时越短，要求计时的准确度也愈高。

（2）计算流量的步骤。断面流量计算一般采用平均分割法。计算步骤如下：

1）测点流速计算。根据施测记录的转数和历时，按流速公式 $v=KN+C$，计算出点流速；

2）测线流速计算。根据实测情况，按测线平均流速的计算方法，求出各测线的平均流速 v_1，v_2，…，v_n；

3）部分平均流速计算。部分平均流速就是相邻两条测线平均流速的平均值：

$$v_{1,2}=(v_1+v_2)/2$$
$$v_{2,3}=(v_2+v_3)/2$$

$$\vdots$$

(3-12)

水边部分平均流速（$v_{0,1}$ 或 $v_{n,n+1}$），等于近岸测线的测线平均流速（v_1 或 v_n）乘以岸边流速系数 α：

$$v_{0,1}=\alpha v_1 \tag{3-13}$$

$$v_{n,n+1}=\alpha v_n \tag{3-14}$$

式中 　n——垂线序号，$n=1$，2，3，$\cdots$，n，见图 3-3；

　　$v_{n,n+1}$——第 n 和 $n+1$ 两条垂线间部分断面平均流速，m/s；

　　　v_n——第 n 条垂线平均流速，m/s；

　　　α——岸边流速系数。

岸边流速系数是流速仪施测中由岸边测线的平均流速推算岸边部分平均流速的一个折算系数。若无实测资料，可采用以下参考值，见表 3-5。

表 3-5　　　　　　　　　　岸边流速系数选用表

岸边情况	α 值
规则土渠的斜坡岸边	0.67～0.75，可选用 0.7
梯形断面混凝土衬砌渠段	0.8～0.85
不平整的陡岸边	0.8
光滑的陡岸边	0.9
死水边与流水交界处	0.6

4）部分面积计算。部分面积由相邻两条测线处的水深的平均值乘以测线间距而得，见图 3-3。

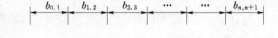

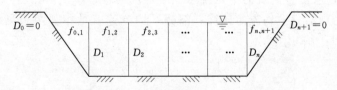

图 3-3　测流断面面积划分示意图

$$F_{n-1,n}=(D_{n-1}+D_n)b_{n-1,n}/2 \qquad (3-15)$$

式中　$F_{n-1,n}$——第 $n-1$ 和 n 两条测线间的部分面积，m^2；

　　　D_n——第 n 条测线的实际水深，m；

　　$b_{n-1,n}$——第 $n-1$ 和 n 条测线之间的部分断面宽，m。

两水面部分面积为

$$F_{0,1}=D_1b_{0,1}/2（按三角形计算） \qquad (3-16)$$

$$F_{n,n+1} = D_n b_{n,n+1}/2（按三角形计算） \tag{3-17}$$

5）部分流量计算。每块部分面积乘以该面积上对应的部分平均流速即得部分流量。

$$q_{n-1,n} = v_{n-1,n} F_{n-1,n} \tag{3-18}$$

式中　$q_{n-1,n}$——第 $n-1$ 和 n 两条测线间的部分流量，m^3/s；

　　　$v_{n-1,n}$——第 $n-1$ 和 n 两条测线间的部分流速，m/s；

　　　$F_{n-1,n}$——第 $n-1$ 和 n 两条测线间的断面面积，m^2。

6）断面总流量计算。断面总流量为各部分流量之和。

$$Q = q_{0,1} + q_{1,2} + q_{2,3} + \cdots + q_{n,n+1} \tag{3-19}$$

7）计算断面平均流速。总流量除以总面积，即得断面平均流速。

$$\bar{v} = \frac{Q}{F} \tag{3-20}$$

式中　Q——断面总流量，m^3/s；

　　　F——过水断面总面积，m^2。

流速仪测速记载表式和流速仪流量计算表式分别见表 3-6 和表 3-7。

表 3-6　　　　　　　　　流速仪测速记载表式

年　　月　　日

测线号数	起点距/m	水深/m	流速仪位置	测速记录				一组信号转数	总转数	每秒转数	测点流速/(m/s)	备注

计算者_____　　　　记载者_____　　　　施测者_____

17

表 3 - 7　　　　　　　　流速仪流量计算表式

第　页

渠道名称					断面位置		地点		
施测时间	年	月	日	时	分	仪器号数		流速计算公式	
测点流速　测线 测点	1	2	3	4	5	6	7	...	天气
1									风向　　风速
2									
3									
4									
5									
⋮									总计流量
测线平均流速/（m/s）									
测线水深/m									
部分平均流速/（m/s）									说明
部分断面宽度/m									
部分断面平均水深/m									
部分断面面积/m²									
部分断面流量/（m³/s）									

校核者＿＿＿＿＿　　　　　　　　计算者＿＿＿＿＿

四、流速仪的使用与保养

正确地使用与保养流速仪，对测流成果、质量和仪器的使用寿命至关重要。测流人员必须对此给予足够的重视。

1. 测流仪的安装

（1）旋浆式流速仪的安装。

1）打开仪器箱盖，拨开转动部分的压栓，轻轻取出身架部件。

2）拧松身架侧面的固轴螺丝，取出旋转部件。

3）向身架内腔注仪器油，油量为孔高的 1/3。

4）将旋转部件插入身架孔中，使前轴套与身架之间保持 0.3～0.4mm 的间隙。一般只要把旋转部分插入到底即可。如果间隙太小，有磨边现象，则应把旋转部件稍拨出一些。待调整正确后，即可把固轴螺丝固紧。固紧螺丝时注意勿用力过猛，以免顶斜旋轴。

（2）旋杯式流速仪的安装。

1）打开仪器箱盖，手持轭架取出仪器。

2）松开轭架顶螺丝，卸下旋盘固定器。

3）在顶头内注满仪器油，装上顶针，调节好旋盘轴向间隙，固紧轭架顶螺丝。旋盘轴向间隙为 0.03～0.08mm，手感旋盘沿轴向有轻微活动间隙即可。

4）装上尾翼，将平衡锤调节在适当位置固紧，使仪器在水中保持水平。

2. 流速仪养护的一般规则

为保证流速仪正常、可靠地工作，应注意下列事项：

（1）仪器及全部附件应完全良好和清洁地保存在仪器箱内，并放置在干燥、通风的房间柜中。

（2）拆卸、清洗及安装仪器以前，必须通晓仪器的结构和拆洗方法。

（3）仪器各部分均不能任意碰撞，旋杯、旋浆、旋轴、轭架等尤须注意。

（4）顶针、顶窝、球轴承等易锈零件，必须经常加仪器油，给予保护。

（5）仪器油使用 HY-8（8号仪表油），不得改用其他油类。

（6）仪器安装好后，要轻提轻放，防止快速空转，以保证其性能稳定。

（7）仪器工作出水后，应立即用毛巾擦干水份。如仪器上有污物、泥沙，要清洗干净，然后擦干、卸成原件，安置在仪器箱内。旋杯流速仪要把顶针卸下转上圆盘固定器。

（8）关闭箱盖时要小心，如果关闭不平时，应立即检查放平，绝不要硬压。

（9）仪器长期不用时，易锈部件（如轴承、顶针等）涂黄油予以保护。

3. 仪器的检查与检定

新购买的仪器，也应进行全面检查：有无检定公式、检定书号码与仪器号码是否一致、部件是否齐全、旋转是否灵敏、信号是否正常等等。

灵敏度的试验，就是将仪器按规定装好后，手持身架，吹动旋浆（旋杯），观察其转动情况。如果启动灵活，停止徐缓，没有跳动或突然停止现象，说明灵敏度正常。如发现不正常时，应对有关部件进行检查，重新安装或拆洗。如故障较重时，须送交检修站维修。

流速仪使用过长或有损坏，必须进行检定。一般情况下，流速仪发生下列问题之一应立即停止使用，进行检定：

（1）旋转不灵。

（2）旋转部件变形。

（3）轴承、顶针腐蚀严重，顶窝有明显磨损。

（4）使用中实测流速超过允许的最大流速范围。

（5）经与好的仪器比测，确认误差过大（但不宜将旋浆式流速仪与旋杯式流速仪进行比测）。

（6）实际使用满 50～80h，应进行此测；超过检定日期 2～3 年以上的，应停止使用或送检。

第四章

多 普 勒 流 量 计

我国水文系统在 20 世纪 90 年代初开始引进多普勒流量计，用于河流的流量测量，在灌溉渠道上也进行了许多试验并取得成功，为在灌溉渠道上使用多普勒流量计积累了丰富的经验。

一、多普勒流量计测流原理

多普勒流量计是根据声学多普勒效应的原理设计的。当超声波发生器发射的超声波（频率为 f_1）至随流体以速度 v 运动的固体颗粒或气泡后，该固体颗粒或气泡可把入射的超声波以频率为 f_2 的超声波反射回接收器。反射声波的频率比入射声波的频率小，入射声波与反射声波的频率差称多普勒频移，该值与流体流速 v 成正比。因此，测得频率差就可以求得流体的流速，流量则为流速与面积的乘积，见图 4-1。

声波接收器和发生器间的多普勒频移 Δf 可用式（4-1）表示：

$$\Delta f = f_1 - f_2 = 2f_0 \frac{v\cos\theta}{c - v\cos\theta} \tag{4-1}$$

式中　θ——声波方向与流体流速 v 之间的夹角；

f_0——声源的初始声波频率；

c——声源在介质中的传播速度。

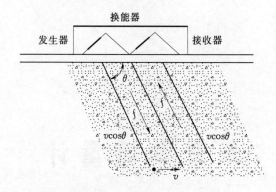

图 4-1　多普勒流量计原理图

通常 $c \gg v\cos\theta$，则：

$$v = \frac{c}{2f_0\cos\theta}\Delta f \qquad (4-2)$$

当过水面积为 A 时，流体的流量为：

$$Q = \frac{Ac}{2f_0\cos\theta}\Delta f \qquad (4-3)$$

二、多普勒流量计的类型

多普勒流量计一般由换能器、计算机设备和数据处理软件组成。根据需要还可外接 GPS、回声测深仪和外部罗经等。

根据用途和安装方式，多普勒流量计可分为走航式和定点式两大类。走航式可将换能器安装在测船上，横渡河流就能测得流量。定点式可将换能器安装在河底、河岸边，测得声波所到之处的流速，用其与断面平均流速建立关系可推求断面流量。

美国 TRDI 公司生产的系列声学多普勒流量计代表当今世界的最高水平。适合河渠应用的多普勒流量计（Acousti Doppler Current Profile，ADCP）有四种：骏马系列瑞江牌河流型 AD-CP、便携走航式微型 ADCP（StreamPro ADCP）、水平声学多普勒流速剖面仪（Channe Master H‐ADCP）和移动式流量在线测量产品 V‐ADCP。前两种为走航式，后两种为定点式。

三、走航式多普勒流量计

（一）原理与构造

ADCP 配有四个换能器（见图 4‐2），换能器与 ADCP 轴线成一定夹角。每个换能器既是发射器，又是接收器。

测流时，安装在船上的换能器在运动中向河底发射声波。通过时间控制，将每个垂线的水深分成 N 个等深单元（测验单元），分别测得各等深单元的流速。此速度是相对于换能器的相对速度，相对速度中扣除测流船移动速度即得到

图 4‐2　ADCP 外形图

水流的绝对速度。各垂线的各个测验单元流速的平均值即为该垂线的平均流速。河流的水面宽度和水深数据是用"底跟踪"功能完成的。"底跟踪"是指 ADCP 按照给定的参数，按一定的时间间隔发射底部跟踪脉冲，接收来自河底的反散射信号，由此计算出测船航行速度和水深，水面宽度为测船航速与时间的乘积。测船航行速度也可利用 GPS 技术求出，由航迹上任意两点的 GPS 坐标值可以得到两点间的位移，再除以相应的时间步长即得到测船移动速度。根据水面宽度、水深及绝对流速即可计算出流量。

（二）流量计算

进行断面流量测量时，实际测量的是中部区域。两岸边、上下盲区的流速是测不出来的。靠近岸边的区域，因其水深较浅，测船不能靠近，或 ADCP 不能保证在垂线上至少有 1 个或 2 个有效测验单元，无法实测。靠近水面区域，因换能器由发射状态转变为接收状态时，需要一个时段，换能器面附近水域的发射信

号已经返回时，换能器尚未转变为接收状态，来不及接受这些信息，因此形成盲区。其厚度大约为 ADCP 换能器入水深度；靠近河底区域，受河底漫反射影响，噪声较大，声波检测失真，也测不出来流速。盲区厚度取决于 ADCP 换能器轴线倾角（与ADCP 轴线夹角）。例如 RDI 公司"瑞江"牌 ADCP 换能器轴线倾角 20°相应的盲区厚度大约为水深的 6%。盲区部分的流量需要应用某种数学模型计算，《声学多普勒流量测验规范》（SL 337—2006）有各个部分的流量计算方法。

1. 中部平均流量计算

每一微断面中部平均流速由声学多普勒流速仪直接测出，其值为所有有效单元所测流速的平均值。x 方向分量由式（4-4）算出（y 方向分量类似）。测量起点和终点之间断面的中部流量由式（4-5）计算。

$$v_{xM} = \frac{1}{n} \sum_{j=1}^{n} u_{xj} \tag{4-4}$$

$$Q_M = \sum_{i=1}^{m} \left[(v_{xM} v_{by} - v_{yM} v_{bx}) \right]_i (Z_2 - Z_1)_i \Delta t \tag{4-5}$$

式中 v_{xM}——中部平均流速 x 方向分量；

         v_{yM}——中部平均流速 y 方向分量；

         n——微断面中有效单元的数目；

         u_{xj}——单元 j 中所测的 x 方向流速分量；

         v_{by}——测船船速 y 向矢量；

         v_{bx}——测船船速 x 向矢量；

         m——断面内中的微小断面数；

         i——测量断面数；

         Z_1——河底至靠近河底单元（未受河底干扰）的高度；

         Z_2——河底至第一单元的高度；

         Δt——测量微小断面的平均时间。

2. 岸边流量估算

岸边区域平均流速及流量用式（4-6）及式（4-7）计算：

$$v_a = \alpha v_m \qquad (4-6)$$

$$Q_{NB} = \alpha A_a v_m \qquad (4-7)$$

式中　v_a——岸边区域平均流速；

　　　v_m——起点微断面（或终点微断面）内的深度平均流速，该值应将测船稳定在起点断面施测 4～5 组数据，然后再将测船稳定在终点断面施测 4～5 组数据，这样测得的流速数据比较准确；

　　　α——岸边流速系数；

　　Q_{NB}——岸边流量；

　　　A_a——岸边区域面积。

流量的精确估算要求正确选用岸边流速系数和岸边区域面积的准确测量。岸边流速系数可通过比测确定，也可根据断面形状按照表 4-1 确定。

表 4-1　　　　　　　　　　岸边流速系数

岸 边 情 况		α 值
水深均匀地变浅至零的斜坡岸边		0.67～0.75
陡岸边	不平滑	0.8
	光滑	0.9
死水与流水交界处的死水边		0.6

3. 上下盲区流量估算

可用幂函数流速剖面的假定来推算表层或底层平均流速，然后再估算上下盲区的流量。

明渠均匀流速在垂向上的分布由式（4-8）计算：

$$\frac{u}{u_*} = 9.5 \left(\frac{z}{z_0}\right)^b \qquad (4-8)$$

式中　u——离河底一定高度处的流速；

　　　u_*——河底摩阻流速；

　　　z_0——河底粗糙高度；

　　　b——经常系数（通常取 1/6）。

表层流量由式（4-9）计算：

$$Q_T = \sum_{i=1}^{m} \left[(v_{xT} v_{by} - v_{yT} v_{bx}) \right]_i (H - Z_2)_i \Delta t \qquad (4-9)$$

底层流量由式（4-10）计算：

$$Q_T = \sum_{i=1}^{m} \left[(v_{xB} v_{by} - v_{yB} v_{bx}) \right]_i (Z_1)_i \Delta t \qquad (4-10)$$

全断面的流量是中部流量、上下盲区及岸边流量的总和。测流时流量计算是由 ADCP 提供的软件自动完成的。

（三）安装与测验

ADCP 可安装在船头、船舷的一侧或穿透船体的竖井内。应保证仪器纵轴垂直，离船弦的距离宜大于 0.5m（木质测船）或 1.0m（铁磁质测船）。当安装在铁磁质测船的竖井中时，应安装外接罗经。仪器探头的入水深度应保证整个测验过程探头不会露出水面，而且船体不应影响信号的发射和接收。安装支架应结构简单、安全可靠、升降转动灵活，宜采用非磁性材料制作。

GPS 天线宜安装在 ADCP 正上方平面位置 1.0m 以内；外部罗经的安装指向应与船首方向一致，当为磁罗经时，安装位置离船上任何铁磁性物体的距离不小于 1.0m；测深仪换能器宜垂向安装在 ADCP 同侧，测流时换能器不应露出水面。

测验流量时，测船应沿预定断面航行，船首不应有大的摆动。测量时，测船应从断面下游驶入断面，在接近起点位置时，航行速度沿断面保持正常速度，直至终点。航行速度宜接近或略小于水流速度。当流量相对稳定时，可进行两个测回断面流量测量，取均值作为实测流量值。对于河口区宽阔断面，同一断面宜采用多台仪器分多个子断面同步测验。

四、定点式多普勒流量计

定点式多普勒流量计由流速换能器、水位传感器、数据接收处理部分组成。将测得的剖面流速和水位数据输入计算机，由计算机来处理测得的资料并输出该断面的流量和水位以及河床的断面数据。

（一）测流方式

定点式多普勒流量计的测流方式有横向测流、俯视式测流和仰视式测流三种。横向测流是将多普勒流量计水平安装在河岸、渠道的侧壁或其他建筑物的侧壁上，测量水平方向的流速分布；俯视式测流是将仪器安装在测船、浮标或测流平台上；仰视式测流是将仪器安装在河底的基座上。俯视和仰视式测流都是测量测线的流速分布，但仰视式测流只能测出一条测线的流速分布，俯视式则可根据需要测出多条测线的流速分布，据此计算断面流量。

应根据所测断面的宽度、水深、流速和含沙量等情况选用适宜的测流方式及相应的声学多普勒流量计。当使用 H - AD-CP 测流时，要求河宽小于 H - ADCP 剖面范围；当使用 V - ADCP 测流时，要求 V - ADCP 声束能够覆盖明渠断面主要部分，这种方法对于矩形、梯形等规则断面的人工渠道的测流特别适用。

横向测验时仪器安装的位置，俯视和仰视式测流时测线的数量及位置需要通过试验优化确定。

（二）流量计算及优化模型的建立

定点式多普勒流量计的流量是根据流量计测得的流速与断面平均流速的关系求得的。这个关系称为流量计算模型，它有两种确定方法，数值法与指标法。数值法适用于矩形、梯形等具有规则断面的人工渠道或比较小的河流，且水面宽度小于 H - ADCP 最大剖面范围。数值法是一种流速面积法，适用于 V - ADCP 声束能够覆盖断面主要部分的窄渠道或管道，通常不需要率定。

对于大江大河以及流态比较复杂的潮汐河流，则宜采用指标流速法计算流量，其水面宽度可以远大于 H - ADCP 的最大剖面范围。规则的人工渠道也可以采用此法。近年来，指标流速法广泛应用于河流在线流量监测。

在应用数值法时，首先需要假定流速分布 $u(y, z)$ 的函数形式，即数学模型，然后利用实测流速数据通过回归分析确定模型中的待定系数。设 $u(y, z)$ 为垂直于明渠过水断面 S 的流速分布函数，流量 Q 由如下积分计算：

$$Q = \iint_s u(y, z) \mathrm{d}y\mathrm{d}x \qquad (4-11)$$

在实际应用中，根据水位数据将过水断面划分成方形网格。首先利用 V - ADCP 实测流速数据，通过回归分析确定待定系数值，然后利用数学模型计算出各个网格节点处的流速，最后对式（4-11）采用高斯数值积分计算，求得流量。数值法的优点是不需要率定。

指标流速法是利用流速仪（或走航式 ADCP）实测断面流速数据，并计算出断面的平均流速 $v_{平}$，再和定点式多普勒流量计实测流速 $v_{指}$ 建立断面平均流速与指标流速之间的相关关系，即：

$$v_{平} = f(v_{指})$$

这种关系可以用多种模型来表述，选择哪一种模型作为流量计算的依据需要用统计学的理论来确定。

俯视式及仰视式测流方式又统称为垂向代表线法。代表线的数量与布置位置需要通过实验确定。对于复杂的河流断面，只用一个垂线的平均流速来表示全断面的平均流速是不能满足测流精度要求的，可将全断面按照断面的特征分为若干个子断面，分别求出能反映各个子断面的平均流速的垂线流速，从而求出各个子断面的流量，各个子断面流量之和即为全断面的流量。

指标法的本质是由局部流速推算断面平均流速，一般可采用单点流速、垂线平均流速或水平平均流速作为指标流速。对于指标法，由于是利用其他方法率定，所以精度取决于所采用的方法的精度。在较宽河道中采用指标法的关键是选择有代表性的稳定的测量位置。

五、应用实例

（一）Flow Scout 2000 声学多普勒流速仪在江西省赣抚平原灌区的应用

江西省赣抚平原灌区位于江西省中部偏北的赣江和抚河下游三角洲平原地带，地跨抚州、宜春、南昌三市7个县（市、区）37个乡镇；设计灌溉面积8万 hm^2，排涝面积4.67万 hm^2，同时具有防洪、工业供水、生活供水、环境供水，水力发电、内河航运等功能的大型综合开发水利工程。该工程分东、西2条总干，7条干渠，总长280.57km，分支渠以及斗农渠通向各片灌溉农田的支斗农渠近600条，总长约1600km，灌溉网遍布整个赣抚平原。灌溉渠系建筑物有大型建筑物15座及中小型建筑物3600座。

该灌区总干渠及干渠主要用率定的建筑物量水及标准断面量水，其他分支渠斗农渠多用量水槽等量水设施，为了解灌区渠道水利用系数等情况则采用流速仪测水措施。

为了灌区实施动态计划用水、提高科学调配水资源和防汛抗旱能力，保证工程运行安全可靠，需要提高和及时掌握灌区水资源情况，在赣抚平原灌区建设了两套明渠声学多普勒测流系统。选用美国 Link Quest. Inc 公司生产的声学多普勒流速仪 Flow Scout 2000 进行测流，分别安装在梧岗闸入水口和胡惠元闸出水口。这两座闸位于五干渠进水闸下游约900m，梧岗闸入水口为混凝土矩形断面，渠底宽5.0m；胡惠元闸出水口为混凝土矩形断面，渠底宽6.0m，两座闸的主要功能为供应城市环境用水。经与人工流速仪精确测量数据进行对比，自动测报系统的测量结果相对偏差均小于5%。

1. 系统组成

系统主要配置设备有流速测量传感器探头、流速流量积算仪、水位计、GPRS通信基站通信系统、安装支架及电源系统组成（见图4-3）。

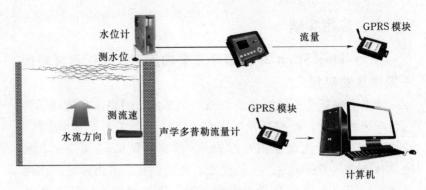

图 4-3 系统组成结构图

2. Flow Scout 2000 流速流量积算仪简介

流速流量积算仪用于现场流速数据和水位数据的采集及流速的计算存储和流量的计算存储，并且为 RTU 提供数据输出接口，接口形式为 RS232 以及 RS485。Flow Scout 2000 流速流量积算仪功能：实时接收声学多普勒传感器流速信息（见图 4-4）；实时接收浮子式水位数据；通过河道断面计算河道流量；可以设置水深分界点，深水状态为流速、水位、断面数据一起综合计算流量；浅水状态时为水位-流量关系计算流量；现场存储管理流量、流速、水位数据，存储容量 2MB；并带 RS232、RS485 通信端口。

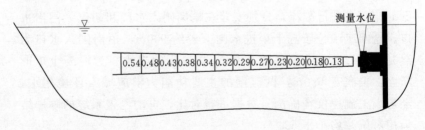

图 4-4 声学多普勒流速仪测量流速

3. 安装、使用及维护

设备应安装在渠道流态稳定、渠道顺直、工作环境比较好的渠段，避免在紊流区测量。

（1）为避免渠道水草杂物对传感器的影响，应将传感器安装在 PE 管道内的底部支架上，PE 管道固定在渠堤岸边。底部支架能上下升降，便于传感器检测检修。在圆管底部上方 50 mm 开孔。开孔高度约为 300mm，开孔角度约为 40°。向上游开孔角度约为 10°，下游开孔角度约为 30°。开孔处外加导声玻璃。

（2）固定 PE 管，内置传感器支架采用钢丝绳升降。将支架放入 PE 管底部时，应对准槽钢基础卡口。

（3）圆管顶部及积算仪、GPRS 模块需做防盗设施，避免人为破坏。

（4）传感器在连接积算仪工作时不要将其暴露在空气中。如果渠道停水，水位即将降到传感器位置时，应事先关闭电源。停止测量前，应先将电源开关关闭后再将传感器从水中拿出。

（5）积算仪内置锂电池，在不用的情况下应注意关闭积算仪电源。在电量不足的情况下，应及时充电，避免电池放电过度而损坏。

（6）由于仪器内配置有电子罗盘，所以在测量中应尽量避免强磁性环境。

（7）通过网络每天查看流量报表，检查 GPRS 通讯状态，实时采集瞬时流量、小时流量，观察流量数据变化规律，发现异常及时排除。

（8）每月一次对系统进行人工测流，将人工测流数据与流量计测流数据进行校测比对。发现异常，应及时对流量计进行率定。

（9）每季度一次清洗传感器探头，清除附着在传感器表面的污垢、杂物。

（10）每年一次对系统防雷接地进行检测，确保防雷设施、接地系统安全可靠。

（二）走航式 ADCP 在唐徕渠流量测验中的应用

宁夏唐徕渠为引黄河水灌灌的渠道，ADCP 在唐徕渠测流的应用为多含沙渠道应用 ADCP 提供了经验。

ADCP 测流由计算机控制操作，具有操作便捷、测验时间短、分辨率高、性能稳定、数据可靠，精度好、资料完整、信息量大、测流劳动强度小等特点，特别适合于流态复杂条件下的测验。近两年在唐徕渠测流应用中积累了以下一些经验：

ADCP 测流系统主要由 ADCP 流速剖面仪及测船、换能器（4 个探头）、计算机操作软件系统及连接设备等 3 个主要部分组成。其中计算机操作软件由 Winriver 软件和自主开发的数据处理软件组成，Winriver 软件主要用于采集数据，自主开发的数据处理软件对 Winriver 软件采集的数据进行提取、分析和整理得到流量、流速、流向、水深、水温、坐标等信息。

ADCP 属精密仪器，操作规范要求高，使用时换能器不能碰在硬物上、不能长期受太阳光照射、亦不能长时间浸泡于水中。

ADCP 是固定的，小流量渠道测量时操作不便，而且箱体笨重也不易携带。

如果渠水流速快、水面有波浪，换能器有可能露出水面和发生空蚀，影响数据采集，测量过程间断；再就是发生 ADCP 倾翻的现象，如在新桥测流，当时水位 2.56m，最大流速 1.65 m/s，ADCP 被操控到渠中时，有两次被水流冲击晃动至倾翻，致使测流中断。

船速越慢，精度越高。一般船速不超过水流最大速度，特别是起步时船速一定要平稳，不能突然加速或让 ADCP 来回晃动。当水流速度较小时，更要注意船速，对提高精度尤为重要。

作业船不能紧靠岸边测验，ADCP 不能测出近岸边的流速和流量，开始及结束测量的岸边，船需停留片刻，以便获得用于计算岸边流量的 10 个有效数据。岸边距大小的控制，对 ADCP 采集 10 个有效数据至关重要，岸边距过大，岸边流量的推算就存在一定的偏差；岸边距过小，采集不够 10 个有效数据，需要测船反向移动，不仅影响 ADCP 正常测流，对岸边流量的推算也有一定的影响。而在测流过程中，一般采用目测或钢尺测量岸边距，偏差是不可避免的。

渠道衬砌与否也直接影响测流结果。如在暖泉渠测流时，分别在测流断面处（衬砌）和断面下游（渠坡长有杂草）测量，同一水位测得两个结果，因此使用 ADCP 测流时要注意渠床条件。

渠床内有流沙或滚石的地方或产生涡流时，数据采集中就会出现空白段，此处的流速需通过测区数据外延来估算，致使测量精度降低。

（三）H‑ADCP 在中山市岐江河西河水闸的应用

2011 年 6 月在西河水闸引进了美国 Link Quest 公司的 Flow Scout 600kHz 型 H‑ADCP 并安装使用。

1. 测验断面基本情况

西河水闸是一座集防洪（潮）、排涝（洪）、航运、灌溉等多功能的大型水闸。西河水闸共 30 孔，每孔净宽 5m，总净宽 150m，过闸最大流量 1075m/s。断面点宽度 180m，最高运行水位 1.5m，最低运行水位 −0.5m，内水位亭河底最低高程 −4.0m，河底平均高程−4.5m，对岸挡墙为船闸控制室，底部 −4.0m，断面形态为矩形，断面经过硬底化处理，相对稳定。河西水闸测流断面仪器布设及测流见图 4‑5。

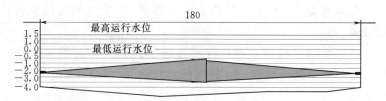

图 4‑5　西河水闸测流仪器布设示意图（单位：m）

2. H‑ADCP 主要技术指标

供电电源：DC24V、±20％直流供电或 AC220V、±10％交流供电；

温度：−20～50℃；

湿度：小于 90％；

频率：2MHz，最大剖面≤22.5m；

测量点分格：0.25～1m，最大同时测量点 86 个；

最大流速≤5m/s；

测量精度：±0.5%、±2mm/s。

3. 建立指标流速与断面平均流速的关系

为了得到断面平均流速与指标流速的关系，用走航式 ADCP 测出流量和断面面积，从而得到断面平均流速数据。这种同步采样需要在不同的流量或水位情况下进行，这样就得到一组断面平均流速与指标流速以及水位的数据。对数据进行回归分析或点绘相关图，即可以得到 v 与 v_{sl} 回归方程或关系曲线。回归方程的一般形式为：

$$v = f(v_{sl})$$

式中　　v——断面平均流速，m/s；

　　　　v_{sl}——指标流速，m/s。

根据实际条件变化，流量测验分为三个阶段进行：

（1）平常期：在水闸没有开闸进出流量时，对在线测流设备系统进行初步比测，测验时机包含大潮、小潮、平潮 10 个次以上。

（2）开闸进流期：当外江水位高于内江水位之时，水闸打开，外江流量进入内河，选择有代表性的 10 次开闸时机进行比测测验。

（3）开闸出流期：当外江水位低于内江水位之时，水闸打开，内河流量进出外江，选择有代表性的 10 次开闸时机进行比测测验。

三种情况进行比测率定，水位、流速、流量变化变幅达到一定程度，测次 30 个以上。按照比测率定的要求，此次比测收集西河水闸高、中、低水位及不同流速级下的实测流量资料，并且均超过了方案要求的 30 份（按水文规范的规定，−0.10m/s＜流速＜0.10m/s 的，可以不参与定线）。2011 年 10 月，西河水闸共收集了 47 个测点，流速变化范围能均匀分布在不同的流速级，符合西河水闸过水特点，满足率定要求。同时，根据实际需要，对 H-ADCP 系统软件的主要参数进行设置：指标流速的采

34

样单元 0～10m；采样历时 300s；采样间隔 300s；设定增加多流层剖面模式。使用船载走航式 M9 在 H - ADCP 的监测断面进行随机的流量测验，基本要求是正点或 30min 附近进行施测，往返走测一个来回，并把往返流量误差控制在 ±5％ 以内，取其平均值作为该次断面流量，根据实测大断面成果，建立一个水位-面积查算关系，得到断面平均流速。用收集到的这些断面平均流速与指标流速建立一个单-断流速关系曲线，并按规范的要求进行三线检验，确保定线的合理性。

根据收集到的实测资料，建立指标流速与断面平均流速的关系，经计算机自动定线，得到西河水闸的单-断流速关系。用收集到的断面平均流速与 H - ADCP 指标流速建立一个单-断流速关系曲线。通过上述代表性资料，点绘西河水闸断面平均流速与指标流速关系，见图 4 - 6，通过定线得到线性相关关系：$y = 1.0023x$，相关系数 $R^2 = 0.9897$。

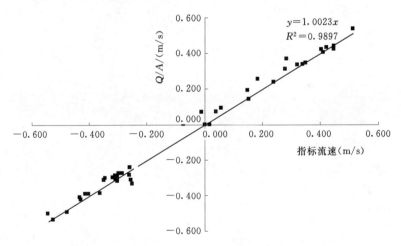

图 4 - 6　西河水闸断面平均流速与指标流速的关系

根据规范要求，对上述回归方程进行定线精度分析与关系曲线三线检验，得出指标流速与断面平均流速关系测点标准差 $Se = 12.3％$，随机误差为 $24.6％ \leqslant 28％$，系统误差为 $2.26％ \leqslant$

±3%，达到规范规定的精度要求。检验计算：

（1）符号检验：$n=40$，$K=25$（K 为正号个数），$u=1.125$ <1.15，符号检验通过。

（2）适线检验：$n=40$，不变换符号"0"次数为 19，变换符号"1"次数为 20，变换符号次数大于不变换符号次数，免作适线检验。

（3）偏离数值检验：$n=40$，平均相对偏离值 $\Delta P=2.26\%$，P 的标准差 $S=11.96$，ΔP 的标准差 $Sp=1.89$，统计量 $t=1.20$，$|t|=1.20<1.30$，认为合理，偏离数值检验通过。

结果：上述三种方法对指标流速与断面平均流速关系曲线的三线检验，全部达到规范要求，认为定线正确。可以用相关关系推求相应断面流量。

第五章

超 声 波 流 量 计

当渠道上需要自动测流时,使用超声波流量计是理想的选择。我国许多灌区在应用超声波流量计测流方面,已取得实际应用的经验。

一、工作原理

明渠超声波流量计一般由测速换能器(由声道数决定)和测水位换能器组成。由测速换能器测出和计算出过水断面上的平均流速,由声波水位计测出水深和断面的几何尺寸并计算出过水断面的数值。流量为断面平均流速与过水断面的乘积。

对于大型明渠,一般都需要布设多条声道,见图 5-1。每一条声道所测得的流速代表该水层的平均流速 v,用 v 乘以对应河宽 b 得单位水深流量 vb。以纵坐标为水深,用 h 表示,横坐标为单位水深流量,绘制垂直流量分布图,然后求出垂直流量分布曲线图的面积,即为全断面的流量,以下式表示:

$$Q = \int_0^h b_i v_i \mathrm{d}h \qquad (5-1)$$

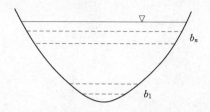

图 5-1 断面流量计算原理示意图

多声道测流的断面流量计算，也可以用分层部分流量累加方法求得：

$$Q = \sum_1^n A_i v_i \qquad (5-2)$$

式中 A_i——相邻两测层间的断面面积；

v_i——相邻两测层间的水层平均流速。

其具体运算模式如下。

1. 底"面"的流量计算

$$Q_底 = A_底 v_A (1+F)/2 \qquad (5-3)$$

式中 $A_底$——渠底（第 1 层）和最下一个好声路之间的断面面积；

v_A——从最下一个好声路计算出来的流速；

F——渠底摩擦系数。

2. 中间"面"的流量计算

$$Q_中 = A_中 (v_i + v_{i+1})/2 \qquad (5-4)$$

式中 $A_中$——在第 i 个好声路与第 $i+1$ 个好声路之间的断面面积；

v_i——从第 i 个好声路计算出的流速；

v_{i+1}——从第 $i+1$ 个好声路计算出的流速。

3. 顶"面"的流量计算

$$Q_顶 = A_顶 (v_N + W_T v_S)/(1+W_T) \qquad (5-5)$$

式中 $A_顶$——最上一个好声路与水面之间的断面面积；

v_N——从最上一个好声路计算出来的流速；

v_S——表面流速估计值,通过外推法利用最上一个好声
路和下一个好声路计算;

W_T——渠顶加权系数。

4. 断面总流量计算

$$Q = S(Q_底 + \sum Q_中 + Q_顶) \tag{5-6}$$

式中　S——流量标定系数,与测量所选用的流量单位有关。

流速的求法:换能器分别安装在河道的两岸,定向发射声
波。如图 5-2 所示,两个换能器 P_1、P_2 之间建立一个超声波声
道。声波向下游传播时波速增加,声波向上游传播时波速降低。
测量两个换能器之间声波传播的历时差 Δt、已知的声道长度 L
及水流流向与声道形成的夹角 θ,即可计算该水层的流速 v。

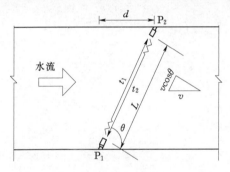

图 5-2　超声波流量计测速原理图

设静止流体中声速为 c,从 P_1 到 P_2,顺流发射时,声波传
播时间为:

$$t_1 = \frac{L}{c + v\cos\theta} \tag{5-7}$$

从 P_2 到 P_1,逆流发射时,声波传播时间为:

$$t_2 = \frac{L}{c - v\cos\theta} \tag{5-8}$$

一般 $c \gg v$,则时差为:

$$\Delta t = t_1 - t_2 = \frac{2Lv\cos\theta}{c^2}$$

则 v 为：

$$v=\frac{L}{2\cos\theta}\times\frac{t_1-t_2}{t_1\times t_2} \tag{5-9}$$

二、仪器组成

声学时差法流量测流系统由一组（或几组）声学换能器、岸上测流控制器、信号电缆和电源组成（见图 5-3）。

声学换能器接收测流控制器的指令发射声脉冲，并将接收到的声脉冲信号传送到测流控制器。声学换能器内装有水位传感器，可同时将测得的水位数据传送给测流控制器。

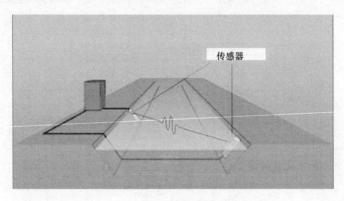

图 5-3　仪器系统组成示意图

（德国 Quantum 公司资料）

测流控制器安装在岸上，用信号电缆连接声学换能器，控制整个系统的工作，可以定时或按需要发出信号，使换能器发射声脉冲进行测流。它具有收集声脉冲传播时间、水位数据、计算传播时间差和水层平均流速、计算过水断面面积和断面平均流速和流量的功能。

信号电缆用于测流控制器和声学换能器之间的电源、信号连接。测流控制器在主岸上，有一些声学换能器在对岸，要用信号电缆跨河与测流控制器相连接。

三、应用方式

应用方式有单声路、交叉声路、反射声路及多层声路等。单声路适用于河流流速与断面基本垂直的河段；交叉声路工作方式适用于流速不完全平行于河岸和流向不稳定的弯曲河道测流断面，或断面的几何形状变化频繁的地段；对于小型河道或不便安设水下电缆，或没有桥梁可以被用来安装电缆时，可采用反射声路；对于水位变化较大的河道，为保证有足够数量的工作声路被淹没，可采用多声路布置方式。

1. 单声路

单声路布置方式（见图 5-4），即只在河道的两岸安装 A_1、A_2 两个换能器，用一个声道测量断面平均流速。工作时，A_1、A_2 两个换能器用跨河电缆连接在一起，并均兼有发送接收声脉冲的功能。测得 A_1 发射至 A_2 和 A_2 发射 A_1 的声脉冲传输时间，计算出时差，算出平均流速。此方式只能得出垂直于过水断面的流速分量。对流向不太稳定或流向因素比较重要的测流断面，使用这种方式可能达不到测流的精度要求。

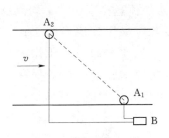
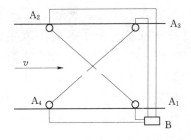

图 5-4 单声路工作方式　　图 5-5 交叉声路工作方式

2. 交叉声路

交叉声路布置方式（见图 5-5）是在两岸设置两个交叉的声路，安装两组四个换能器，用两个声道测出平均流速和主流流向。工作时，A_1、A_2 声路测出 A_1A_2 联线上的流速分量，A_3、A_4 声路测出 A_3A_4 联线上的流速分量。已知两声路间夹角，则可根据两流速分量算出平均流速和平均流向。

3. 反射声路

反射声路工作方式（见图 5-6）是在安装换能器河岸的对岸安设一个声波反射体，反射体接收到 A_1（A_4）发射的信号后反射回主岸的 A_4（A_1），反射信号被主岸的换能器接收，由此测得相应的时差。反射回主岸的声波信号虽经放大，但信号还是比较弱，所以只能用于小河和渠道。这种方法较简单，价格也不高，但使用环境有较多的限制。

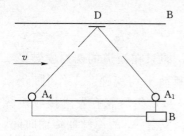

图 5-6　反射声路工作方式　　　　图 5-7　多层声路工作方式

4. 多层声路

时差法流量计的一个声路只能测得一层水层的平均流速。如果水深较大或流态较复杂，用一个水层流速推求断面平均流速的精度就比较差。为了提高测流精度，应采用多层声路工作方式（见图 5-7）。这种工作方式需要在不同水深布设若干层测速声路以测出多层水层的平均流速，以此推求较准确的断面平均流速。每层的布设方式可以是前三种工作方式的任一形式。一般情况，每一层声道可以代表 4m 水层。多层声道工作方式用于水位变化较大、水深较深、流态复杂、流量测量精度要求高的断面。

四、仪器安装

仪器安装包括测流断面的选择、换能器及主机的安装、信号电缆连接以及系统的调试等。

1. 测流断面的选择

安装仪器的上下游河段应具有规则的几何形状，以保证水流有较为平顺的流态，测流断面前后的平直段需满足有关测试规范和仪器使用说明书的要求，在多声路布置情况下，测流断面上游应有大于 10 倍水面宽度的平直段，测流断面下游需有大于 2 倍水面宽度的平直段。

应考虑是否有安装跨河电缆的可能，以便正确选择声路的布置形式。在航运河段，要评估通航船只对测流的影响。水草较多的河段不宜安装时差法流量计，因为声程上的水草会阻挡声束传播，水草光合作用产生的气泡也会阻挡声束传播。

2. 换能器的安装

在河道两边建造固定桩，在固定桩上一定位置处安装声学换能器，其位置应采用经纬仪准确确定。换能器也可安装在专用斜轨上，斜轨固定在测流断面线的两岸岸坡上。测流时可以使声学换能器移动到需要测量的水层。

换能器与渠道中心线的夹角（声路角）一般选择 45°比较好，应保证安装好的声学换能器准确地对准对岸相应的声学换能器。

对换能器要有防撞，防淤，防人为破坏的保护措施，这些措施和仪器的安装位置都不应对水流产生较大的扰动。

安装完毕后应准确测出换能器的声路长度、声路角度、声路高程以及水位计的安装高程等。

3. 主机的安装

测流控制器、电源以及可能有的通信传输设备应安装在站房或仪器棚内。连同信号电缆一起，都必须有完善的防雷措施。信号电缆的两头一定要做好识别标记，以便在电缆与换能器和主机连接时不至于相互连接错误。连接电源线时应正确选择电源电压，电源电压不稳定时，应考虑采用稳压电源。

4. 上下声路设置

当采用多声路测流时，最低声路距离明渠底部及最高声路距离水面的最近安装距离应该是声路布置时首先考虑的问题，因为当声路距离反射体足够近时，电子设备辨别不出到达检波器的是直达信号还是反射信号，这将会影响测量精度。因此，流量计给出了底部声路距底部和顶部声路距顶部所需最小间距 H 的计算方法，其公式如下：

$$H = \sqrt{\frac{L v_s}{2f}} \qquad (5-10)$$

式中　　H——所需最小间距；

　　　　L——换能器间的声路长，可测量得到；

　　　　v_s——流体中的声速；

　　　　f——声脉中的载波频率，与换能器型号有关。

确定底部声路和顶部声路的安装位置后，其他声路均匀分布在底部和顶部中间即可。

5. 跨河电缆铺设

跨河电缆最好在河底铺设。如果只能架空铺设，要有完善的防雷和防干扰措施。

6. 系统调试

输入安装参数后，在河渠中有水的情况（所有的换能器必须全部淹没于水中）下，进行流量计自检，然后检查各声路的工作情况，应在静水和动水的情况下分别进行检查。静水检查非常重要，因为此时流量计测出的水流流速应为零，可以间接的检查流量计的准确性。检查流量计输出的工作情况，如打印机、模拟量、开关量的输出情况等。

应用时差法流量计进行流量测量时，必须进行现场比测，以便得到较准确的流量数据。比测时以转子式流速仪测流为准，参照有关水文测验方法进行。应该用精测法进行测流，以取得准确的流量比测值。

五、应用实例

1. CMC 系列超声波明渠测流仪

湖北省随州水文站、荆门漳河水库总干渠、江陵观音寺灌区、宜昌东山电力引水发电下坪渠道管理站以及江西新余袁惠渠等处安装了 CMC 超声波明渠测流仪，均反映良好。该测流仪有

CMC - A 和 CMC - B 两种型号。

（1）CMC - A 超声波时差法明渠（河流）测流仪主要由换能器组和主机两大部分组成。换能器组包括 1 对测流换能器（精度要求高时可用 3 对）和 1 只测深换能器，主机包括由数码显示器、键盘及信号幅度指示器等组成，系统控制处理、发射、接收处理部分，电源部分及各种外部接口部分组成。

CMC - A 型测流仪主要应用于江河水文水情、大型人工渠道等宽水域水流实时在线连续测流，适用于河渠的宽度为 6～500m。（经黄河水利委员会河南河务局进行的引黄灌溉试验表明，该仪器可在高泥沙水体——30kg/m³ 中应用，并能达到测流精度要求。）测流效率高，1min 内即可完成并显示流速或流量数据，并可将测量数据输入现有的水利数据通信网络系统。

（2）CMC - B 型便携式超声波明渠多点巡测流量计是在 CMC - A 型基础上研究开发的技术产品，除了具有 CMC - A 型的功能外，还可进行中小型渠道的多点巡测，适用于 0.5～8m 的渠宽。既可用便携测量架实施测量，也可用反射板形式实施单边操作测量，一般 2～3min 可完成一个测量点，并可直接显示流量数据。

主要性能指标如下：

工作频率：　　　　　　50～500kHz

指向性开角：　　　　　6°

作用距离：　　　　　　0.6～400m

测流置信度：　　　　　≥98%

分辨率：　　　　　　　1cm/s

信号输出接口：　　　　RS - 232

功耗：　　　　　　　　≤20W

电源：　　　　　　　　AC220V DC12V

测流误差：　　　　　　≤±2%

2. UR - 2000 明渠型多声道超声波流量计

2006 年，在山东省昌乐县高崖水库的北干渠布设了 3 处

UR-2000明渠型多声道超声波流量计。该流量计采用多个换能器测量不同深度上的平均流速，换能器在渠道两侧，呈45°安装。同时用超声波水位计测量水位，根据速度和流体断面面积计算出流体流量。可显示瞬时流量、累计流量、时间、流速及流速分布、超声波速度等。

主要技术参数：

准确度等级 速度（％）±0.25（示值）

水位（％）±0.5（示值）

流量（％）±1.0（示值）

量程（m/s）0.03～20

幅面上口宽度（m）明渠可达30、河川可达150

测量深度（m）≤5

防护等级 IP68

工作温度（℃）常温

水位测量 超声波水位计

输出信号 4～20mA、脉冲、RS232C、RS485、报警

环境温度（℃）－20～＋60

电源 110V AC(60Hz)/220V AC(50Hz)、12/24V DC(另选)

功耗（W）30

外形尺寸（mm×mm×mm）270×345×125

接线孔规格 电缆锁头 PG11 主电缆锁头 PG21

信号电缆（主电缆 ϕ14）

3. 瑞特迈尔（Rittmeyer）超声波流量计

××年，在广东省东深供水工程渠首，太园泵站的大型梯形明渠上安装了"瑞特迈尔超声波流量计"，该渠道的最大输水能力为100m³/s。测流断面上共安装8对换能器，在最大测流工况时为8声道，最小测流工况时为4声道。经与流速仪比测，瑞特迈尔超声波流量计精度很高，其平均相对均方差可达1.21％。

瑞特迈尔超声波流量计采用先进的 DSP 数字信号处理技术，工作稳定可靠；配有多种换能器（外插式、内贴式、明渠式），

可用于各种流道（有压管道、无压管道、明渠、涵洞、河流等）；具有多种声路结构（1～8声路，其中的2、4、8声路符合IEC41规程），标称测量精度±2%，能满足各种流量下对测量精度的要求。

4. 德国量子水文公司（Quantum）时差法流量实时监测系统

该公司的产品在欧洲的德国、法国、意大利、丹麦、西班牙、瑞士等安装了300多处。北京市引用了2个，一个安装在中德合作官厅水库湿地示范工程中的永定河引水暗涵里，用于实时监测永定河水进入黑土洼湿地的水流量，另一个安装在北京市的雁翅水文站。

这套水量实时自动监测系统可直接给出水流流量数据及流量变化图形，声路距离可从1m到2000m；流量精度不需要率定即可达到3%，率定后达1%；声波频率为28kHz和200kHz，功率最大为1000W，适合泥沙含量大、横断面较宽的河流、渠道测流，此外它具有操作维护简单、连续自动运行并可进行远程控制和数据远程传输等功能。适用不同明渠宽度的流量自动监测系统性能指标见表5-1。

表5-1 德国量子水文公司超声波流量自动监测系统性能

项目	有线声路			无线声路
河渠宽度/m	0.5～10	10～200	200～2000	200～2000
技术参数	单层或多层	单层或多层；单声路或交叉声路或反射声路	单层或多层；单声路或交叉声路	单层或多层；安装水下电缆困难时使用
声路宽度/m	0.8～10	10～200	200～2000	200～2000
流速测量范围/(m/s)	-10～10			

项目	有线声路	无线声路
流速准确度	在测量的声路上<0.1%	
流量准确度	通常偏差<3%，现场校准后优于±1%	
频率	200kHz（换能器 TC - 2111、TC - 2153）	28kHz（换能器 TC - 2115）
显示	LCD	
供电	24V DC	

第六章

渠道断面量水

渠道水流由于受渠段控制或断面控制，会出现水位和流量关系相对稳定的现象。渠道断面量水就是利用稳定的渠道断面水位-流量关系测流，方法简便易行，无需特设量水设备，且容易掌握。

一、基本要求

利用水位-流量关系量水应符合下列要求：

（1）测流断面下游有跌水、卡口、人工堰等满足以形成稳定流的断面控制。

（2）测流断面上、下游渠道顺直，渠床坚固，水流平稳并具有足够长度以形成渠段控制。

为了满足测流条件，可整治渠段，进行护底、衬砌等防止水流冲刷，保持测流断面完好。

二、水位-流量关系的确定方法

（1）在渠道测流断面设立固定直立水尺。对于衬砌渠床，也可用油漆喷涂渠道迎水坡面，把垂直刻度转化为斜坡面刻度。水尺以渠底为零点，最小刻度为 0.01m。

（2）利用流速仪施测不同水位时相应的流量，记录水位和流量数据。

（3）率定断面的水位-流量关系，建立水位-流量关系曲线。

以水位为纵坐标，以流量为横坐标，绘制水位-流量数据散点图。通过分析，如属于稳定的水位流量关系，可通过点带重心，描绘一条平滑连续的曲线，使水位-流量数据点均匀地分布在曲线两侧，即得到量水断面的水位-流量关系曲线。在资料充足的情况下，可利用 Excel 绘图功能求出水位-流量关系曲线和关系式。若曲线误差分析满足表 6-1 中的精度要求，可直接用于量水。

表 6-1　　　标准断面水位-流量关系曲线率定误差限值

累积 95% 的 误差频率 f_{95}	累积 75% 的 误差频率 f_{75}	系统误差 f_x
±5%	±3%	±0.5%

（4）绘制曲线应注意以下几点：

1）选取适当的纵横比例尺，使曲线与横坐标轴约成 45°角。

2）在流量可能变动的范围内，水位-流量关系曲线在横轴上的投影长度不小于 10cm。

3）点绘散点图时，若有不同的测流方法，应以不同的符号表示，若联系到几年的资料，不同年份的点据也要以不同的符号表示，以便区别分析。

4）不同灌季的测流资料应分别分析。

5）水位-流量关系曲线的低水部分，读数较大的，要选取合适的比例尺，另做曲线放大图，使得最大读数误差不超过 ±2.5%。

三、水位-流量关系曲线的校正与修正

建立了水位-流量关系曲线之后，在使用中应经常校核，发

现问题，及时纠正，以保证推流精度。

校核方法可采用流速仪测流。校核时应根据曲线适用范围，施测高、中、低水位时的流量，一般至少 3～5 次。若校核中发现误差较大，应增加测次。将校核资料点绘制在水位-流量关系曲线图上，进行误差分析。若出现下列情况之一时，说明水位-流量关系已发生变化，原曲线需要修正：

（1）校核点位于曲线同一侧，且平均误差超过 2%。

（2）校核点虽位于曲线两侧，但每个点的误差均超过 3% 或平均误差超过 5%。

由于工程维修或改扩建，工程条件改变，使测流段或附近的水力要素或水流形态发生变化，严重影响原来的水位-流量关系时，应进行重新率定。

四、明渠均匀流计算公式

如果没有条件利用流速仪测流时，对人工衬砌渠段可根据不同水深，利用明渠均匀流公式计算通过渠道的相应流量，绘制成水位-流量关系曲线。

明渠均匀流计算公式如下：

$$Q = AC\sqrt{Ri}$$

$$C = \frac{1}{n}R^{\frac{1}{6}}$$

$$R = A/x$$

式中　Q——流量，m^3/s；

A——过水断面面积，m^2；

C——谢才系数，可用曼宁公式，见表 6-2；

R——水力半径，m；

x——湿周，m；

i——渠道比降；

n——渠道糙率，见表 6-3。

表 6-2 　　　　按公式 $C=\frac{1}{n}R^{\frac{1}{6}}$ 算得系数 C 的数值表

R＼n	0.010	0.013	0.014	0.017	0.020	0.025	0.030	0.035	0.040
0.05	60.7	46.7	43.4	35.7	30.4	24.3	20.2	17.3	15.2
0.06	62.6	48.1	44.7	36.8	31.3	25.0	20.9	17.9	15.6
0.07	64.2	49.4	45.9	37.8	32.1	25.7	21.4	18.3	16.0
0.08	65.6	50.5	46.9	38.6	32.8	26.3	21.9	18.8	16.4
0.10	68.1	52.4	48.7	40.1	34.1	27.3	22.7	19.5	17.0
0.12	70.2	54.0	50.2	41.3	35.1	28.1	23.4	20.1	17.6
0.14	72.1	55.4	51.5	42.4	36.0	28.8	24.0	20.6	18.0
0.16	73.7	56.7	52.6	43.3	36.8	29.5	24.5	21.1	18.4
0.18	75.1	57.8	53.7	44.2	37.6	30.1	25.0	21.5	18.8
0.20	76.5	58.8	54.6	45.0	38.2	30.6	25.5	21.8	19.1
0.22	77.7	59.8	55.5	45.7	38.8	31.1	25.9	22.2	19.4
0.24	78.8	60.6	56.3	46.4	39.4	31.5	26.3	22.5	19.7
0.26	79.9	61.5	57.1	47.0	39.9	32.0	26.6	22.8	20.0
0.28	80.9	62.2	57.8	47.6	40.4	32.4	27.0	23.1	20.2
0.30	81.8	63.0	58.4	48.1	40.9	32.7	27.3	23.4	20.4
0.35	83.9	64.6	59.9	49.4	42.0	33.6	28.0	24.0	21.0
0.40	85.8	66.0	61.3	50.5	42.9	34.3	28.6	24.5	21.4
0.45	87.5	67.3	62.5	51.5	43.8	35.0	29.2	25.0	21.9
0.50	89.1	68.5	63.6	52.4	44.5	35.6	29.7	25.5	22.3
0.55	90.5	69.6	64.6	53.3	45.3	36.2	30.2	25.9	22.6
0.60	91.8	70.6	65.6	54.0	45.9	36.7	30.6	26.2	23.0
0.65	93.1	71.6	66.5	54.7	46.5	37.2	31.0	26.6	23.3
0.70	94.2	72.5	67.3	55.4	47.1	37.7	31.4	26.9	23.6
0.80	96.4	74.1	68.8	56.8	48.2	38.5	32.1	27.5	24.1
0.90	98.3	75.6	70.2	57.8	49.1	39.3	32.8	28.1	24.6
1.00	100.0	77.0	71.4	58.8	50.0	40.0	33.3	28.6	25.0
1.10	101.0	78.2	72.6	59.8	50.8	40.6	33.9	29.0	25.4

R \ n	0.010	0.013	0.014	0.017	0.020	0.025	0.030	0.035	0.040
1.20	103.1	79.3	73.6	60.6	51.5	41.2	34.4	29.5	25.8
1.30	104.5	80.4	74.6	61.5	52.2	41.8	34.8	29.8	26.1
1.50	107.0	82.3	76.4	62.9	53.5	42.8	35.7	30.6	26.8
1.70	109.3	84.1	78.0	64.3	54.6	43.7	36.4	31.2	27.3
2.00	112.3	86.3	80.2	66.0	56.1	44.9	37.4	32.1	28.1
2.50	116.5	89.6	83.2	68.5	58.3	46.6	38.8	33.3	29.1
3.00	120.1	92.4	85.8	70.6	60.0	48.0	40.0	34.3	30.0
3.50	123.2	94.8	88.0	72.5	61.6	49.3	41.1	35.2	30.8
4.00	126.0	97.0	90.0	74.1	63.0	50.4	42.0	36.0	31.5
5.00	130.8	100.6	93.4	76.9	65.4	52.3	43.6	37.4	32.7
10.00	146.8	112.9	104.8	86.3	73.4	58.7	49.0	41.9	36.8

表 6-3   渠道糙率 n 值表

渠槽特征			糙率
土质	流量 1~25m³/s	平整顺直，养护良好	0.0225
		平整顺直，养护一般	0.025
		渠床多石，杂草丛生，养护较差	0.0275
	流量＜1m³/s	渠床弯曲，养护一般	0.025
		支渠以下的固定渠道	0.0275~0.030
岩石		经过良好修整的	0.025
		经过中等修整的无凸出部分的	0.030
		经过中等修整的有凸出部分的	0.033
		未经修整的有凸出部分的	0.035~0.045
砌石		干砌块石护面	0.033
		浆砌块石护面	0.025
		料石砌护	0.015
		砌砖护面	0.015
		混凝土护面	0.015

第七章

渠道水面浮标量水

利用水面浮标测流，是一种简单易行的测流方法，但成果比较粗糙，量水精度不高，一般在缺乏水工建筑物、特设量水设备及测流仪器情况下采用。

水面浮标测流是利用飘浮在水面上的木板块（最好是榆木板块）或其他轻浮物测出水面平均流速，再测出河（渠）横断面过水面积，通过计算求得河（渠）流量。使用的工具有秒表、绳（或铅丝）、测深杆、口哨及浮标等。其步骤方法简述如下。

一、断面的布设和测量

测流段应选在比较顺直、深度及宽度变化不大的渠段，同时也应避免选在杂草较多的地方。测流渠段的长度一般取 50～100m，设两个辅助断面（上断面及下断面）和一个测流断面（中断面），如图 7-1 所示。在中断面处的河岸一侧打一木桩，作为计算测流断面上各点距离的起点。

施测前，先在测流断面上拉一带有尺度注记的绳索（或在绳子上每隔 1m 系一布条）。当浮标经过测流断面时，用测深杆测出此点处的水深，并记出测深点到断面起点木桩的距离，以便绘

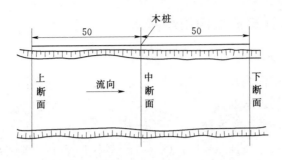

图 7-1 渠道测流断面布设示意图（单位：m）

出河（渠）横断面图，计算过水面积。

施测水深时，若渠中水位变化较大，应同时测出水位。对流量变化不大的渠道，可用开始水位或开始及终了两次水位的均值。

二、流速测量

水面浮标测流可采用均匀投放法或中泓浮标法。

1. 均匀投放法

在水面小于 50m 时，可由三人分别站在上、中、下三个断面上，上断面的人在断面以上投放浮标，并报浮标经过上断面的讯号，下断面的人报浮标到下断面的讯号。中断面的人手持秒表，根据上、下断面所报讯号，记录浮标经过上、下断面的时间。

浮标一般都按水面宽度均匀投放，数目可视渠道水面宽度而定。宽度在 3m 以下者，可投放 1～2 个；5～10m 者，每 3m 投放一个；10～50 者，每 5～8m 投放一个。投放时，应从一岸陆续投至另一岸，每次投一个，待第一个浮标经过下断面后再投第二个，依次类推。若河面较宽，可利用上游建筑物或便桥投放。

2. 中泓浮标法

在山溪河流上，由于河流经常陡涨陡落，为了争取时间，不可能采取均匀投放法，而只在水流最快的地方投放 4～5 个浮标，称为中泓浮标法。这种方法只需 1～2 人。

三、计算流量的简易方法

1. 过水断面面积（w）计算

依据浮标测流时各点处的水深，绘制测流断面图，然后按几何方法求其过水断面面积。

2. 水面平均流速（v_{cp}）计算

浮标水面流速 $v = L/t$（m/s），式中 L 是上、下断面间的距离（m），t 是浮标由上断面至下断面经历的时间（s）。

当投放 n 个浮标时，可有 t_1、t_2、$\cdots$、t_n 等 n 个历时，于是可算出相应的水面流速 v_1、v_2、$\cdots$、v_n，取其均值得出水面平均流速 v_{cp}，即 $v_{cp} = (v_1 + v_2 + \cdots + v_n)/n$。

3. 虚流量（Q'）计算

由于实测的水面平均流速偏大，不能代表全断面的平均流速，故按实测的水面平均流速计算的流量称为虚流量。虚流量乘以浮标系数才接近实际的流量。

虚流量 $Q' = \omega v_{cp}$，其中 ω 为河道过水断面面积。

4. 流量（Q）计算

流量 $Q = kQ'$，其中 k 为浮标系数，与风力、风向等因素有关，可参考表 7-1 选取。

表 7-1　　　　　　　　　浮 标 系 数 表

风力　　系数　　风向	顺	逆
0	0.85	
1	0.84	0.86
2	0.83	0.87
3	0.82	0.88
4	0.81	0.89
5	0.80	0.90
6	0.79	0.91

系数 风向 风力	顺	逆
7	0.78	0.92
8	0.77	0.93
9	0.76	0.94
10	0.75	0.95

四、应用实例

永济渠用水面浮标测流，均匀投放，上下断面间距50m，施测断面成果见图7-2及表7-2、表7-3，试计算其流量。

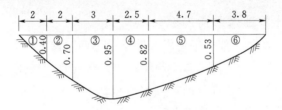

图7-2 永济渠施测断面（单位：m）

表7-2　　　　　　　　　　水面浮标测流记录表

施测地点	二闸下	渠名	永济渠	渠道情况	土渠
施测时间		1980年8月25日			
天气	晴	风向	顺风	风力	2级

施测号数	流经距离 /m	起止时间		经历时间 /s	水面流速 /(m/s)	水面平均流速 /(m/s)
		开始	停止			
(1)	(2)	(3)	(4)	(5)	(6)	(7)
1	50	8时15分00秒	8时16分10秒	70	0.71	
2	50	8时18分00秒	8时19分08秒	68	0.74	
3	50	8时21分00秒	8时22分02秒	62	0.81	0.74
4	50	8时24分00秒	8时25分06秒	66	0.76	
5	50	8时27分00秒	8时28分12秒	72	0.69	

表 7-3　　　　　　　　过水断面施测记录表

测点顺序	起点距 /m	水深 /m	部分宽度 /m	部分平均水深 /m	部分面积 /m²
1	0	0	2.0	0.20	0.40
2	2.0	0.40	2.0	0.55	1.10
3	4.0	0.70	3.0	0.83	2.49
4	7.0	0.95	2.5	0.89	2.23
5	9.5	0.82	4.7	0.68	3.20
6	14.2	0.53	3.8	0.27	1.03
7	18.0	0			
合计			18.0		10.45

1. 计算过水断面面积

表 7-3 中"部分平均水深"是相邻两水深的平均值,"部分面积"是"部分平均水深"与相应"部分宽度"的乘积,渠道过水断面面积等于"部分面积"的总和。本例中为 10.45m²。

2. 计算水面平均流速

$$v_1 = L/t_1 = 50/70 = 0.71(\text{m/s})$$
$$v_2 = L/t_2 = 50/68 = 0.74(\text{m/s})$$

同时求得 $v_3 = 0.81\text{m/s}$,$v_4 = 0.76\text{m/s}$,$v_5 = 0.69\text{m/s}$

$$
\begin{aligned}
v_{cp} &= (v_1 + v_2 + v_3 + v_4 + v_5)/5 \\
&= (0.71 + 0.74 + 0.81 + 0.76 + 0.69)/5 \\
&= 0.74(\text{m/s})
\end{aligned}
$$

3. 计算虚流量

$$Q' = wv_{cp} = 10.45 \times 0.74 = 7.73(\text{m/s})$$

4. 计算流量

施测时风力二级,顺风,从表 7-1 查得浮标系数 $k = 0.83$,故 $Q = kQ' = 0.83 \times 7.73 = 6.42(\text{m}^3/\text{s})$。

第八章

利用渠道的闸涵建筑物量水

　　灌溉渠道上有各种类型的控制建筑物，如节制闸、进水闸、分水闸等，其数量可观。只要这些控制建筑物的出流条件符合量水要求，都可以用来量水。既可减少因灌溉系统设置量水设施所产生的水头损失，又可节省附加量水设备的建设费用。但是，利用控制建物量水的过程和计算比较复杂，精度也很难保证。目前由于计算机技术的发展，二次仪表的研发应用，量测手段和数据处理技术的提高，为利用闸涵量水提供了有利的条件。特别是量水进水闸的研究与应用，为利用闸涵量水打开了一条出路。

一、闸涵量水的原理与系统组成

1. 量水原理

　　水工闸门有开敞式和涵管式之分。利用闸门量水时，需要在涵闸上、下游适当的位置安设水尺，在闸门上安装量测闸门开度的水尺，以测量上下游水深和闸门开度，然后根据水工闸门的类型和水流流态，利用相应的公式计算出流量。

　　随着现代计算机技术的发展，这一过程可用计算机来完成。用水位传感器和闸位传感器代替水尺，利用他们将这些数据发送到计算机内，判断过闸水流的类型和流态，按照有关公式，计算过闸流量。

2. 量水系统组成

系统由硬件系统和软件系统两部分组成。

（1）硬件系统主要有闸门上下游水位计、闸位计、数据传输和记录分析设备等。水位计可选用浮子式、超声波式或压力式传感器，也可以选用电子水尺。闸位传感器安装在启闭机上，可选用光电编码闸位计。所有安装水位计及闸位计的位置均应安装水尺以便校核。

传输信号分为有线传送和无线传送，选用后者时，需要安装发射电台。计算机则是数据收集、存储和处理的设备。

（2）软件系统的功能为采集、处理、传送数据及调控闸门等项。需要建立数学模型来完成这些任务。模型建立的方法有二，一个是机理建模，另一个是辨认建模。机理模型就是现在通用的水力学量水公式法，根据采集的数据判断流态，选用流量系数，确定流量计算公式，求得过闸流量。2000年卢胜利提出用神经元网络法建立流量测流模型，称辨认模型。他分别建立了BP网络软测量模型和径向基函数（RBF）网络软测量模型，经在引黄斗口涵闸应用，都取得满意的结果，其中后者的测量结果更加接近三角堰实测结果（见图8-1）。在模型建立的过程中，过闸水流流态的判断、流量系数的选定，对测流精度有十分重要的影响。

二、利用闸涵量水应具备的条件

（1）建筑物本身完整无损，无变形，无漏水。

（2）调节设备良好，启闭机、闸门等无损坏现象。

（3）符合水力条件和计算要求，水头损失不小于5cm，水流呈潜流状态时，其潜没度（下游水深与上游水深之比）不大于0.95。

（4）利用多孔建筑物量水时，各孔闸门开启高度应尽量

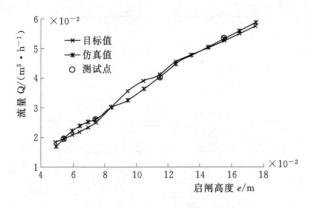

图 8-1　RBF 网络模型与三角堰测流比较图

一致。

（5）建筑物高度或上面填土高度必须高出最高水位，不允许上面漫水。

三、利用闸涵量水的步骤和方法

（1）对每个测水水闸建筑物，登记注明进出口形式、底板高程和各部尺寸，并绘制简明的平面图和纵剖面示意图，以便查用。

（2）安设水尺或传感器，其安设位置见图 8-2。

1）上游水尺——设在建筑物上游约为 3 倍闸前最大水深处。如水流从侧面流入建筑物，则设在建筑物上游约为 1.5～2 倍闸前最大水深处。

2）下游水尺——设在水流出口处以下，距建筑物约为单孔口宽的 1.5～2 倍处。

3）闸前水尺——可直接设在闸前侧墙上，水尺距离闸门约等于 1/4 单孔闸宽。入闸水流如不是对称入流，闸前两侧均需安设水尺，观察时取其平均值。

4）闸后水尺——可直接绘设在闸后侧墙上，距离闸门约等于 1/4 单孔闸宽（但不得超过 40cm）。

以上四种水尺的零点高程均须与槛高（闸底）在同一水

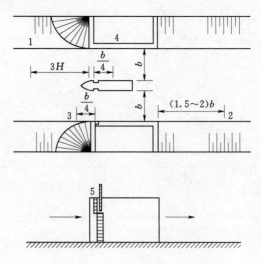

图 8-2 水尺安装位置示意图
1—上游水尺；2—下游水尺；3—闸前水尺；
4—闸后水尺；5—启闭高度水尺

面上。

5）启闭高度水尺可直接安装在闸槽边缘的过墩上，水尺零点与闸孔完全关闭时的闸门顶部齐平。若闸底部有门槽，则水尺的零点应再提高，提高的高度等于门槽的深度。

6）如水尺（上、下游水尺）设在倾斜岸坡上，应把垂直刻度转为斜坡上刻度，按斜坡长度等于垂直刻度长乘以 $1/\sin Q$（其中 Q 是倾斜角度）进行换算，这样倾斜面上所示的刻度，即为垂直的刻度了。

7）对于上下游和闸前后水尺，也可使用连通管引到岸边观察井，在井内观察水位或水深。

（3）观察流态，选择流量公式。

四、流态判别

流经开敞式闸门的水流有堰流、闸孔出流，它们又有自由流与淹没流之分。流经涵管式闸门的水流称为管流，管流也有自由流和淹没流，自由管流有无压流、有压流和半有压流。测流时必须要判别流态，才能选用相应的流量公式。

1. 开敞式闸的流态判别

设 e 为闸孔的开度，H 为堰上水头，e/H 为闸孔的相对开度，则流态判别可用 e/H 的比值确定。试验表明，该值有一个范围，与闸型、流量系数、水头高低、闸门开度、以及孔、堰流变换方式有关。通常，对于闸底坎为平顶堰时的开敞式闸，当 $e/H \leqslant 0.65$ 为闸孔出流；$e/H > 0.65$ 为堰流。对于闸底坎为曲线形堰时的开敞式闸，当 $e/H \leqslant 0.75$ 为闸孔出流；当 $e/H > 0.75$ 为堰流。

根据水流连续性理论，堰流与孔流交界处的流量应该是相同的。对于具体的闸门，在通过试验确定堰、闸的流量系数后，可以利用堰流及闸孔出流方程组求解出若干开孔高时的堰流与闸孔出流分界值 e/H，还可以通过模型实验获得 e/H 的分界值（见表 8-1）。

表 8-1　　　　　　不同闸形、门形（e/H）的分界值

堰型	门 型	孔、堰流变换顺序	e/H 分界值		
			平均	变动范围	平均值（孔→堰→孔）
曲线实用堰	弧形门		0.75	0.625～0.825	0.750
	弧形门落点在堰顶下游		0.654	0.447～0.750	0.654
	平板门切口向下游	孔→堰	0.761	0.733～0.783	0.752
		堰→孔	0.743	0.696～0.773	
	平板门平底		0.740	0.710～0.810	0.740
驼峰堰	平板门平底	孔→堰	0.749	0.690～0.819	0.742
		堰→孔	0.734	0.646～0.812	
	平板门切口上斜 45°	孔→堰	0.731	0.692～0.782	0.728
		堰→孔	0.724	0.646～0.812	

堰型	门　　型	孔、堰流变换顺序	e/H 分界值		平均值（孔→堰→孔）
			平均	变动范围	
宽顶堰	平板门平底	孔→堰	0.716	0.668~0.761	0.678
		堰→孔	0.640	0.601~0.688	
	平板门切口上斜 45°	孔→堰	0.679	0.654~0.697	0.666
		堰→孔	0.652	0.643~0.657	
平底闸	平板门		0.649	0.600~0.667	
	弧形门		0.645	0.625~0.645	0.645

（1）堰流的自由流与淹没流的判别。对于平底闸，当下游水头（h_L）与上游总水头（H）之比（h_L/H）>0.8 时，为淹没流。

（2）孔流的自由流与淹没流的判别。闸底为宽顶堰时的闸孔出流过程见图 8-3，图中 H 为闸前水头，e 为闸孔开度，h_c 为收缩断面水深，h_k 为临界水深，h_t 为闸后河渠中水深，h_c'' 为跃后水深。当 $h_t > h_c''$ 时，为淹没流。

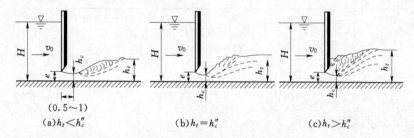

$$(a) h_t < h_c'' \qquad (b) h_t = h_c'' \qquad (c) h_t > h_c''$$

图 8-3　宽底堰闸孔出流过程

跃后水深 h_c'' 可用式（8-1）计算。

$$h_c'' = \frac{h_c}{2}\left[\sqrt{1 + 8\frac{v_c^2}{gh_c}} - 1\right] \tag{8-1}$$

$$v_c = \varphi\sqrt{2g(H_0 - h_c)}$$

$$h_c = \varepsilon e$$

式（8-1）中，流速系数 φ 主要决定于闸孔入口的边界条件，对坎高为零的宽顶堰型闸孔，可取 $\varphi=0.95\sim1.0$；对有底坎的宽顶堰型闸孔，可取 $\varphi=0.85\sim0.95$。垂直收缩系数 ε 反映水流经过闸孔时流线的收缩程度，它不仅与闸孔入口的边界条件有关，还与闸孔的相对开度 e/H 有关，其值列入表 8-2 中。对于弧形闸门，垂直收缩系数 ε 则与闸门下缘切线与水平方向夹角 α 的大小有关，其值列入表 8-3 中。

表 8-2　　　　　　　　　平板闸门的垂直收缩系数 ε

e/H	0.10	0.15	0.20	0.25	0.30	0.35	0.40
ε	0.615	0.618	0.620	0.622	0.625	0.628	0.630
e/H	0.45	0.50	0.55	0.60	0.65	0.70	0.75
ε	0.638	0.645	0.650	0.660	0.675	0.690	0.705

表 8-3　　　　　　　　　弧形闸门的垂直收缩系数 ε

α	35	40	45	50	55	60	65	70	75	80	85	90
ε	0.789	0.766	0.742	0.720	0.698	0.678	0.662	0.646	0.635	0.627	0.622	0.620

2. 涵管式闸的流态判别

涵闸首部安装闸门的放水建筑物的流态比较复杂。首先要区别自由流还是淹没流，如果是自由流还要判别是有压流还是无压流或半有压流。当涵管式闸的出口被下游水位淹没时，为淹没流，反之为自由流。

（1）无压（或孔流）与半有压流的界限。当闸前水位较低，涵管内水流没有与闸门、管顶接触时，为无压流，即为堰流，见图 8-4（a）；当水位上升，开始接触闸门底缘，但管内水面仍然低于管顶，为无压流向孔流过渡的界限，见图 8-4（b），属孔流性质；水位继续上升，管内水面有局部断面开始接触管顶时，为半有压流，即由孔流向半有压流过渡的界限，见图 8-4（c）。可用以下公式判断。

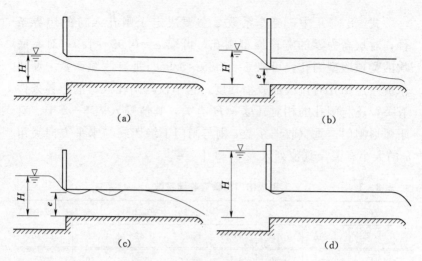

图 8-4 涵管式闸的流态判别图

方管 当 $e/D=1\sim0.25$ 时，

$$\frac{H}{D}=\frac{e/D}{1.06\left(\dfrac{e}{D}-0.17\right)^{1.14}} \tag{8-2}$$

式中 D——涵管直径，m。

圆管 当 $e/D=1\sim0.25$ 时，

$$\frac{H}{D}=\frac{e/D}{1.10\left(\dfrac{e}{D}0.20\right)^{1.11}} \tag{8-3}$$

（2）半有压与有压流的界限。当闸前水位继续上升，管内充满水流，其出口也已满管，此时为有压流，即为两种流态的分界限，见图 8-4（d），可用下列公式判别。

方管 当 $e/D=1\sim0.45$ 时，

$$\frac{H}{D}=\frac{e/D}{0.75\left(\dfrac{e}{D}-0.35\right)^{1.08}} \tag{8-4}$$

圆管 当 $e/D=1\sim0.45$ 时，

$$\frac{H}{D}=\frac{e/D}{0.75\left(\dfrac{e}{D}-0.35\right)^{1.15}} \tag{8-5}$$

五、流量计算公式

1. 堰流自由流流量计算公式

$$Q_自 = \varepsilon' C n b \sqrt{2g} H^{3/2} \qquad (8-6)$$

式中　$Q_自$——流量，m^3/s；

　　　　C——流量系数；

　　　　g——重力加速度，m/s^2；

　　　　H——堰上总水头，m；

　　　　n——过水孔数；

　　　　b——单孔堰宽，m；

　　　　ε'——侧收缩系数，可由式（8-7）求出

$$\varepsilon' = 1 - \frac{\alpha}{\sqrt[3]{0.2 + p/H}} \sqrt[4]{\frac{b}{B}} (1 - b/B) \qquad (8-7)$$

式中　B——行进槽宽，梯形断面采用半深处的宽度，m；

　　　　b——堰口净宽，m；

　　　　α——系数，墩头为方形，堰口边缘为方形时，$\alpha = 0.19$；

　　　　　　墩头为曲线形，掩口边缘为方形、曲线形或斜角

　　　　　　时，$\alpha = 0.1$。

　　式（8-7）的使用条件：$b/B \geqslant 0.2$，$p/H \leqslant 3.0$。当 $b/B <$
0.2 时，采用 $b/B = 0.2$；当 $p/H > 3.0$ 时，采用 $p/H = 3.0$。

　　多孔闸过流时，取加权平均值：

$$\varepsilon' = \frac{1}{n} [\varepsilon'_p (n-2) + 2\varepsilon'_a] \qquad (8-8)$$

式中　n——闸孔数；

　　　　ε'_p——中墩侧收缩系数，用式（8-7）计算，取 $b/B = b/(b+d)$，d 为墩厚；

　　　　ε'_a——边墩侧收缩系数，用式（8-7）计算，取 $b/B = b/(b+d_1)$，（d_1 为边墩边缘与上游引渠水边线之间的水平距离）。

2. 堰流淹没流流量计算公式

$$Q_{淹}=\sigma Q_{自} \tag{8-9}$$

式中　　σ——淹没系数，其值与 $K\varepsilon'C$ 及 h_L/H 有关，可由表 8-4 查出。

表 8-4　　　　　　　淹没系数 σ 与 $K\varepsilon'C$ 及 h_L/H 关系表

h_L/H ＼ $K\varepsilon'C$	0.36	0.38	0.40	0.42	0.44	0.46	0.48	0.50	0.52
1.00	0	0	0	0	0	0	0	0	0
0.98	0.40	0.37	0.35	0.33	0.30	0.27	0.25	0.23	0.20
0.96	0.59	0.55	0.52	0.49	0.46	0.43	0.40	0.36	0.32
0.94	0.70	0.66	0.62	0.58	0.56	0.52	0.49	0.44	0.40
0.92	0.78	0.73	0.70	0.66	0.63	0.59	0.56	0.52	0.47
0.90	0.84	0.80	0.76	0.73	0.70	0.66	0.62	0.57	0.53
0.85	0.9	0.92	0.88	0.84	0.81	0.77	0.73	0.69	0.63
0.80	1.00	0.97	0.95	0.91	0.89	0.84	0.80	0.76	0.71
0.70	1.00	1.00	1.00	0.99	0.98	0.96	0.93	0.90	0.86	0.82
0.60	1.00	1.00	1.00	0.99	0.98	0.97	0.95	0.92	0.88
0.50	1.00	1.00	1.00	1.00	1.00	0.99	0.98	0.97	0.95	0.92
0.40	1.00	1.00	1.00	1.00	1.00	1.00	0.99	0.98	0.97	0.95
0.30	1.00	1.00	1.00	1.00	1.00	1.00	1.00	0.99	0.98	0.97
0.20	1.00	1.00	1.00	1.00	1.00	1.00	1.00	1.00	0.99	0.98
0.10	1.00	1.00	1.00	1.00	1.00	1.00	1.00	1.00	1.00	0.99
0	1.00	1.00	1.00	1.00	1.00	1.00	1.00	1.00	1.00

注　h_L 为堰下游实测水头，m。

$K\varepsilon'C\leqslant0.36$ 时，均用 0.36 查 σ 值。

3. 闸孔出流自由流流量计算公式

$$Q_{自}=\mu nbe\sqrt{2gH} \tag{8-10}$$

式中　　μ——自由流流量系数；影响流量系数的因素很多，对于具体的闸，应通过现场率定确定；

e——闸门开启高度，m；

其他符号意义同前。

4. 闸孔出流淹没流流量计算公式

$$Q_{淹} = \mu_1 nbe \sqrt{2g\Delta z} \qquad (8-11)$$

式中　μ_1——淹没孔流流量系数，应通过实测确定。

Δz——上下游水位差，m。

5. 有压、半有压自由管流流量计算公式

$$Q = \mu A \sqrt{2g(H' - \eta D)} \qquad (8-12)$$

式中　μ——流量系数；

A——管涵过水断面积，m^2；

H'——上游总水头（以涵管出口底板为基准面），m^2；

D——出口洞高，或管直径，m；

η——比势能修正系数，根据涵管出口渠道情况而定，见表 8-5。

表 8-5　　　　　　　　　　比势能修正系数表

出　口　形　状	η
与洞口等宽的矩形平底槽	1.0
跌坎，水流无侧向约束，直接流入大气	0.5
平底，并有扩散翼墙	0.85
陡坡，并有扩散翼墙	0.5～0.85

6. 有压、半有压淹没管流流量计算公式

$$Q_{淹} = \mu_1 nbe \sqrt{2g\Delta z} \qquad (8-13)$$

式中　μ_1——淹没流流量系数，应通过实测确定；

Δz——涵管上下游水位差，m。

7. 无压自由短管流量计算公式（$h_L \leqslant 0.75H$）

当管长小于（5～12）H 时为短管，大于该值时为长管。

$$Q = \mu b \sqrt{2g} H^{3/2} \qquad (8-14)$$

式中　b——矩形断面洞宽，m；若洞为非矩形断面时，$b =$

a_c/d_c；

d_c——临界水深，m；

a_c——相应临界水深的过水断面积，m^2。

8. 无压长管和淹没短管流量计算公式（$h_L > 0.75H$）

$$Q = \sigma \mu b \sqrt{2g} H^{3/2} \tag{8-15}$$

式中　σ——淹没系数，其值与洞口下游水头 h_L 与上游水头 H 之比有关，可由图 8-5 查出。

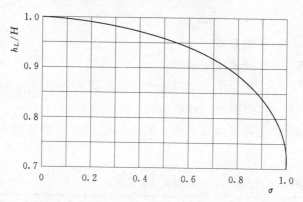

图 8-5　无压淹没管流 $h_L / H - \sigma$ 关系图

六、流量系数的现场率定

现场率定流量系数要注意两个问题，一个是流量系数的测量方法，一个是对测得数据的处理。

1. 流量系数的测量方法

（1）在建筑物上、下游距离建筑物 50～100m 范围内水流平稳渠段处（若建筑物有跌坎在上游，若受建筑物节制闸的回水影响则在下游）设测水断面，利用流速仪测出各种水位的实际流量，同时观察各种流态及其相应的有关水尺读数。

（2）将各个实测流量相应水深代入已选定的流量公式中，求算该建筑物在某种流态情况下的实际流量系数。流量实测系数次数一般不少于 5 次，取其平均值，作为该建筑物的流量系数。

（3）在灌区中建筑物类型及其流态相同时，则不必一一测量，只需选择其中 2～3 处，所得结果可彼此通用。

2. 数据的处理

根据不同情况，率定资料的分析方法一般有以下几种：

（1）流量系数曲线法。在积累了足够的各级水位的率定资料后，点绘流量系数与相关因素的关系曲线图，或用回归分析法分析出流量系数与相关因素的关系式。将分析出的关系式或曲线进行误差回检计算分析，精度合格后即可用于测流。建筑物量水率定误差限值见表 8-6。

表 8-6 水工建筑物量水率定误差限值

累积频率 95% 的误差	累积频率 75% 的误差	系统误差
±5%	±3%	±0.5%

（2）分级处理法。灌溉渠系中有些堰闸由于用于计划的要求，过水流量总保持在某一、两个水位级，不易测得全水位级的率定资料。这种情况可以采用流量系数分级处理法，即将同一级水位的流量系数的率定数据通过格拉布斯（Grubbs）法则检验后，水位变幅较小（0.10～0.30m）时，流量系数可取算术平均值，其实测次数不应少于 5 次，每次实测的流量系数与平均流量系数之差应小于±3%。作为相应水位级的流量系数率定值，用于推流。

关于水位分级，应根据具体情况，通过点绘散点图来分析确定。

3. 杨家河堰闸率定方法及成果分析实例

（1）工程概况。

杨家河进水闸为钢筋混凝土结构，宽顶堰（平底）、平板铸铁闸门，共 3 孔，每孔净宽 4.2m，闸底高程为 1044.18m，流态一般为自由式孔流，特殊情况产生堰流。

（2）闸门开高的率定及测量。闸门开高精度控制到 0.01m，并于堰闸实测率定前进行了闸门零点标读、定位，闸门开高取用

3 孔平均值。

（3）测验情况。距进水闸上游 45m 处设直立式水尺 1 支，高、中、低水位控制良好；下游距进水闸 1000m 处设自记水位计 1 处；流速仪船测断面，水流平稳顺直，布设 8 条测速垂线，测验精度满足水文测验规范要求。2013 年共完成上、下游水位观测 140 次；闸门开启观测 34 次，e/H 值实测控制变幅 $0.020\sim0.345$，实测流量 70 次。

（4）流态观测与判别。该进水闸多年来一直没有发生过堰流，2013 年度全年为自由式孔流。通过相邻乌拉河堰闸率定资料及堰闸测验要求综合分析，孔堰流分界点 e/H 值采用 0.750。

（5）流量系数率定和检验。采用变指数公式 $Q=mbe^{\alpha}H^{\beta}$ 推求流量系数。式中：Q 为流量，m^3/s；m 为流量系数；b 为闸孔净宽，m；e 为闸门开高，m；H 为上游水头，m；α、β 为系数。

将 2013 年 70 次实测点据资料代入上式求出相应该闸门高度、上游水头的 m 值，建立 e/H 与 m 值的散点图，绘出 $e/H-m$ 的关系曲线，分析其分布趋势，该曲线呈多项式关系 $m=a(e/H)^3+b(e/H)^2+c(e/H)+d$。

利用待定系数法分段拟合，求出各段拟合曲线方程的系数（见表 8-7）。

表 8-7　　　　　　　　各段拟合曲线方程系数表

e/H 取值范围	系　　　数
$0.020{\leqslant}e/H{\leqslant}0.050$	$a=-1893.939394$
	$b=356.060606$
	$c=-33.204545$
	$d=3.156818$
$0.050{\leqslant}e/H{\leqslant}0.098$	$a=-1010.1506493$
	$b=297.830633$
	$c=-33.568999$
	$d=3.210142$

e/H 取值范围	系　数
$0.098{\leqslant}e/H{\leqslant}0.181$	$a=-192.700155$
	$b=91.364003$
	$c=-16.077374$
	$d=2.709491$
$0.181{\leqslant}e/H{\leqslant}0.290$	$a=2.037189$
	$b=0.288213$
	$c=-1.39818$
	$d=1.881548$
$0.290{\leqslant}e/H{\leqslant}0.345$	$a=1515.151515$
	$b=-1374.242424$
	$c=415.106061$
	$d=-40.21$

经符号检验、适线检验、偏离数值检验，全部通过，符合定线精度要求。

e/H-m 关系曲线测点标准差及随机不确定度可按式（8-16）和式（8-17）计算。

$$S_c = \left[\frac{1}{n-2}\sum_{i=1}^{n}\left(\frac{C_i - C_{ci}}{C_{ci}}\right)^2\right]^{1/2} \qquad (8-16)$$

$$SE = 2S_c \qquad (8-17)$$

式中　S_c——测点标准差（取正值）；

　　　C_i——单次实测流量系数；

　　　C_{ci}——与 C_i 相应从 e/H-m 关系曲线查得；

　　　n——测点总数；

　　　SE——随机不确定度。

经计算，e/H-m 关系曲线标准差为 1.94%，随机不确定度为 3.88%。

各段曲线方程求得的 $m_公$ 值与线查的 $m_线$ 值进行比较计算，

相对误差均满足要求，见表 8-8。

e/H	线查 $m_{线}$ 值	公式系数	公式计算 $m_{公}$ 值	$m_{公}-m_{线}$
0.025	2.52	$a=-1893.939394$	2.52	0
0.035	2.35	$b=356.060606$	2.35	0
0.042	2.25	$c=-33.20454$	2.25	0
0.046	2.20	$d=3.156818$	2.20	0
0.055	2.10	$a=-1010.150649$	2.10	0
0.066	2.00	$b=297.830633$	2.00	0
0.083	1.90	$c=-33.568999$	1.90	0
0.093	1.52	$d=3.210142$	1.52	0
0.107	1.80		1.80	0
0.115	1.78	$a=-192.700155$	1.78	0
0.146	1.71	$b=91.364003$	1.71	0
0.152	1.70	$c=-16.077374$	1.70	0
0.160	1.69	$d=2.709491$	1.69	0
0.176	1.66		1.66	0
0.207	1.62		1.62	0
0.222	1.61	$a=2.037189$	1.61	0
0.230	1.60	$b=0.288213$	1.60	0
0.248	1.58	$c=1.39818$	1.58	0
0.260	1.57	$d=1.881548$	1.57	0
0.289	1.55		1.55	0
0.300	1.55		1.55	0
0.306	1.55	$a=1515.151515$	1.55	0
0.314	1.55	$b=-1374.242424$	1.55	0
0.330	1.57	$c=415.106061$	1.57	0
0.340	1.62	$d=-40.21$	1.62	0

七、流量系数的经验公式

1. 堰流自由流流量系数

（1）有坎宽顶堰流的经验流量系数可由表 8-9 求出。

表 8－9　　　　　　　　有坎宽顶堰流的经验流量系数表

堰口为方角时	堰口为圆弧或斜角时
$C=0.32+0.01\dfrac{3-p/H}{0.46+0.75p/H}$ 当 $p/H\geqslant3.0$ 时，$C=0.32$	$C=0.36+0.01\dfrac{3-p/H}{1.2+1.5p/H}$ 当 $p/H\geqslant3.0$ 时，$C=0.36$

p—上游堰高，m；H—总水头，m

（2）无坎宽顶堰的流量系数可根据上游翼墙和闸墩形状、闸孔宽 b 与行进槽宽 B 的比值等因素确定（见表 8－10～表 8－12）。用无坎宽顶堰的流量系数计算流量时，无须再计入侧收缩系数，即 $\varepsilon'=1$。

表 8－10　　　　　　　　方角翼墙的流量系数

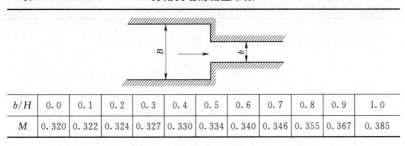

b/H	0.0	0.1	0.2	0.3	0.4	0.5	0.6	0.7	0.8	0.9	1.0
M	0.320	0.322	0.324	0.327	0.330	0.334	0.340	0.346	0.355	0.367	0.385

表 8－11　　　　　　　　八字形翼墙的流量系数

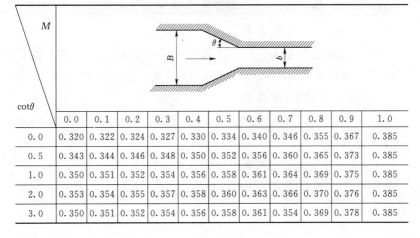

$\cot\theta$	0.0	0.1	0.2	0.3	0.4	0.5	0.6	0.7	0.8	0.9	1.0
0.0	0.320	0.322	0.324	0.327	0.330	0.334	0.340	0.346	0.355	0.367	0.385
0.5	0.343	0.344	0.346	0.348	0.350	0.352	0.356	0.360	0.365	0.373	0.385
1.0	0.350	0.351	0.352	0.354	0.356	0.358	0.361	0.364	0.369	0.375	0.385
2.0	0.353	0.354	0.355	0.357	0.358	0.360	0.363	0.366	0.370	0.376	0.385
3.0	0.350	0.351	0.352	0.354	0.356	0.358	0.361	0.354	0.369	0.378	0.385

表 8-12 　　　　　　　　　　圆弧形翼墙的流量系数

r/b	0.0	0.1	0.2	0.3	0.4	0.5	0.6	0.7	0.8	0.9	1.0
0.00	0.320	0.322	0.324	0.327	0.330	0.334	0.340	0.346	0.355	0.367	0.385
0.05	0.335	0.337	0.338	0.340	0.343	0.346	0.350	0.355	0.362	0.371	0.385
0.10	0.342	0.344	0.345	0.347	0.349	0.352	0.354	0.359	0.365	0.373	0.385
0.20	0.349	0.350	0.351	0.353	0.355	0.357	0.360	0.363	0.368	0.375	0.385
0.30	0.354	0.355	0.356	0.357	0.359	0.361	0.363	0.366	0.371	0.376	0.385
0.40	0.357	0.358	0.359	0.360	0.362	0.363	0.365	0.368	0.372	0.377	0.385
0.50	0.360	0.361	0.362	0.363	0.364	0.366	0.368	0.370	0.373	0.378	0.385

（3）多孔闸过流时，流量系数应按下式计算

$$C_0 = \frac{C_p(n-1)+C_a}{n} \qquad (8-18)$$

式中　　C_p——中孔流量系数，查表时，$\dfrac{b}{B}$ 用 $\dfrac{b}{b+d}$ 代替，d 为墩厚；

　　　　C_a——边孔流量系数，查表时，$\dfrac{b}{B}$ 用 $\dfrac{b}{b+b_1}$ 代替，b_1 为边
　　　　墩边缘与上游引渠水边线之间的水平距离。

2. 淹没堰流流量系数

淹没流流量系数 C_y 为淹没系数 σ 与自由流时的流量系数 C 之乘积。淹没系数 σ 与 $K\varepsilon'C$ 及 h_L/H 有关，可由表 8-3 查出。

3. 自由孔流流量系数

当 $e/H \geqslant 0.03$ 时，可根据不同堰闸形式选用表 8-13 中的经验流量系数公式。

4. 淹没孔流流量系数

淹没孔流流量系数 μ_1 可用式（8-19）计算，该式适用于平底平板闸门。

$$\mu_1 = 0.76(e/H)^{0.038} \qquad (8-19)$$

76

表 8-13	不同堰闸形式的经验流量系数公式
平底平板门闸（下游平坡）	$\mu = 0.454(e/H)^{-0.138}$
弧形门平底闸（下游平坡）	$\mu = 1 - 0.0166\theta^{0.723} - (0.582 - 0.0371\theta^{0.547})e/H$
平板门曲线形实用堰闸	$\mu = 0.530(e/H)^{-0.120}$
弧形门曲线形实用堰闸	$\mu = 0.531(e/H)^{-0.139}$

5. 有压、半有压自由管流经验流量系数

有压、半有压自由管流经验流量系数可用式（8-20）求出。

$$\mu = \frac{1}{\sqrt{\alpha + \sum \zeta_i \left(\dfrac{a}{a_i}\right)^2 + \sum \dfrac{2gL_i}{C_i^2}\left(\dfrac{a}{a_i}\right)^2}} \qquad (8-20)$$

式中　a——涵管出口断面积，$\mathrm{m^2}$；

　　　α——进口流速动能修正系数，一般取值 1.0；

　　　ζ_i——局部水头损失系数；

　　　L_i——涵管某一段的长度，与其相应的断面积、水力半径和谢才系数分别为 a_i、R_i、C_i。

$\sum \zeta_i \left(\dfrac{a}{a_i}\right)^2$ 为自涵管进口上游渐变段至涵管出口断面之间的局部水头损失系数之和，不包括出口损失系数。

6. 有压、半有压淹没管流经验流量系数

有压、半有压淹没管流经验流量系数仍可用式（8-20）求出，但 $\sum \zeta_i \left(\dfrac{a}{a_i}\right)^2$ 局部水头损失系数中应加入下游渠道流速水头的影响。出口局部水头损失系数可根据出口形式由水力学手册中查出。

7. 无压自由流短管流量系数

无压自由流短管流量系数一般采用 0.32～0.36，也可用式（8-21）计算。

$$\mu = \mu_0 + (0.365 - \mu_0)\left(\frac{a}{3A - 2a}\right) \qquad (8-21)$$

式中　μ_0——与涵管进口形式有关的系数，可由水力学手册中查出；

a——涵管过水断面积，非矩形断面 $a = \left(\dfrac{a_c}{d_c}\right)H$，$d_c$ 为临界水深；

A——进口前水尺处的过水断面积。

八、闸前短管量水分水闸

1. 应用情况

短管式量水分水闸是在一般的分水建筑物闸门前安装一个短管，使其既有调节过闸流量能力又具有量水性能的一种水工建筑物。苏联在 1982 年出版的《灌排系统上的量水装置》一书中介绍了该种量水分水闸的新发展，型式由原来的两种发展为五种，流量由 30L/s 到 3m³/s，再到 10m³/s 以上，不仅在灌溉系统中的农、斗渠首使用，在支渠首，干渠首，节制闸上也已使用，结构型式上有单孔的也有双孔的。

短管式量水分水闸在苏联得到发展，是因为它有以下优点：

一是调节流量与量测流量的功能由一个建筑物完成，结构简单，管理方便，造价低廉。

二是水头损失小，而量测流量的压差大，从而提高了量测精度，据实验其误差小于为 5%。

三是配以专设流量计，便于自记流量与远程测量，缩短了测流时间。

四是适应性强，既可在闸后淹没流情况下使用，也可以在闸后自由流或水位差很大的情况下使用（短管必须淹没）。

五是无淤积现象。

我国已引进这一技术，在内蒙古、湖南、江苏、吉林等省区的一些灌区得到应用。其中，文丘利短管的过流能力和量测压差最大，量测误差小的优点，得到广泛的注意。吉林省将其称为下卧式短管，天津市塘沽区水利局与江苏省高邮市应用时安装上水表，直接读出流量和水量值。

从 1985 年开始，在永济量水示范区、西乐、永兰、新华分干渠推广使用闸前短管量水建筑物，有 5 种形式、43 座，流量从 0.15～4.5m³/s。该量水建筑物在闸后自由流淹没流情况下均可使用，具有结构简单、造价低、量测方便、量测精度高等特点。

2．构造与类型

短管式量水分水闸由两部分组成，一为原调节流量建筑物，如农门、斗门、节制闸等，这些建筑物可为涵管式或开敞式；另一部分是短管，它安装在放水建筑物闸门之前，其出口断面与闸门之间的距离为 0.6～0.7m。在短管的顶部距其进口端 l 处设一测压孔，其直径为 5～10mm，测压孔之上可以安装一个测压管或修建测压井，以便安装流量仪表或水尺。

河套灌区应用的短管形式有以下四种：

（1）斜口圆短管：短管的进口为斜面，斜面与管轴的夹角为 23°～63°，通常为 45°，一般与渠道边坡一致（见图 8-6）。

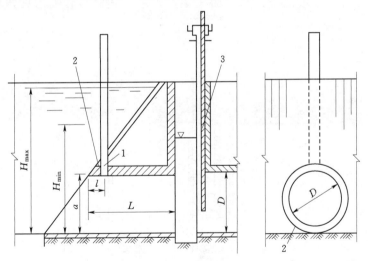

图 8-6　斜口圆短管
1—测压孔口；2—量水短管；3—闸门

（2）直口圆短管：短管的进口为直面，直面与管轴的夹角为 90°（见图 8-7）。

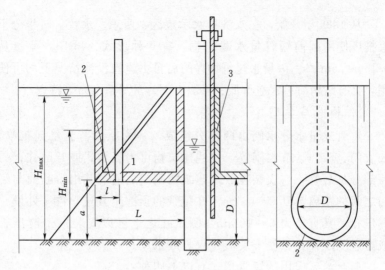

图 8-7 直口圆短管

1—测压孔口；2—量水短管；3—闸门

（3）矩形短管：管断面呈矩形，进口断面与管轴的夹角为 90°（见图 8-8）。

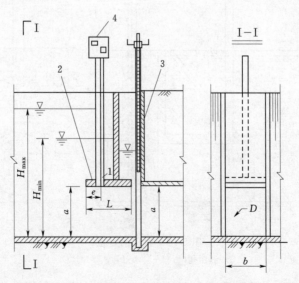

图 8-8 矩形短管

1—测压孔口；2—量水短管；3—闸门；4—水表

（4）文丘利型短管：短管横断面为矩形，其顶板呈多边形，进口端断面与管轴的夹角为90°（见图8-9）。

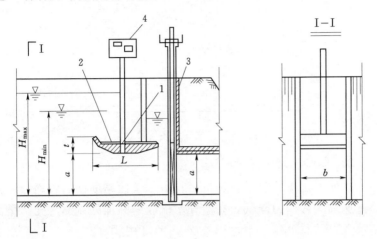

图8-9 文丘利型短管
1—测压孔口；2—量水短管；3—闸门；4—水表

四种短管基本尺寸列入表8-14中。

表8-14 短管基本尺寸表

类　型	短管长度 L	宽高比 a/b	取压孔位置 l	备　注
斜口圆短管	$(1.5\sim3)D$		$0.5D$	D 为管径
直口圆短管	$(1.5\sim3)D$		$0.5D$	a 为进口高度
矩形短管	$(1.5\sim3)a$	$1\sim3$	$0.5a$	b 为进口宽度
文丘利型短管	$1.5a$	$1\sim3$	$0.4a$	

文丘利短管尺寸见图8-10。

图8-10中，喉道高度 a_1；喉道宽度 $b=(1-3)a_1$；进口高度 $a=a_1/0.65$；出口高度 $a_2=1.37a_1$；短管长度 $L=1.5a$；顶板厚度 $t=a-a_1=0.35a$；进口收缩段长度 $L_1=0.3a$；喉段长度 $L_2=0.3a$；$\alpha=15°$、$\beta=20°$；取压孔距进口端的距离 $l=0.4a$。

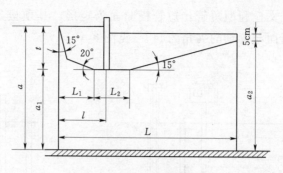

图 8 - 10　文丘利短管尺寸图

3. 量水原理及水力计算

水流通过短管时，在进口后将有一个收缩断面，收缩断面处的流速加大，压力降低。在短管水流收缩断面处设测压孔，量测短管入口前与测压管中之压差 Z_k，即可按式（8 - 22）计算出通过短管的流量。

$$Q = \mu_k \omega \sqrt{2g Z_k} \qquad (8 - 22)$$

式中　μ_k——测流系数；

　　　Z_k——进口前水位与测压管中水位之差；

　　　ω——短管横断面面积。

对于某种类型的短管式量水建筑物，短管横断面面积 ω 为已知（文丘利短管的 ω 值为喉道断面积），据实验知 μ_k 值随着 Z_k 的增加而增大，但当其达到某一值时，Z_k 值虽仍然增加，而 μ_k 值却基本稳定。这个界限值称为最小压差值 Z_{kmin}。不同类型短管的 μ_k 值列入表 8 - 15。对于某种短管来说，流量仅与 Z_k 值有关，测得 Z_k 值即可求出流量，大大地简化了测流工作。

短管过水能力可按式（8 - 23）计算：

$$Q = \mu_c \omega_c \sqrt{2g Z_c} \qquad (8 - 23)$$

式中　Z_c——短管上、下游水位差；

　　　ω_c——短管出口断面积；

　　　μ_c——流量系数，它的变化规律与 μ_k 相同，不同类型短管的 μ_c 值列入表 8 - 15 中。

Z_k/Z_c 值称为压差比，该值愈大表示测流压差大，有利于提高测流精度，文丘利短管的压差比最大。不同类型短管的压差比列入表 8-15 中。

表 8-15　　　　常用短管的 μ_k、μ_c 及 Z_k/Z_c 值表

进水角度	正向进水（原资料）				90°进水（西农资料）			
参数	μ_k	μ_c	$K=Z_c/Z_k$	Z_{kmin}/cm	μ_k	μ_c	$K=Z_c/Z_k$	Z_{kmin}/cm
斜口园短管	0.63	0.69	0.834	$\geqslant 2$	0.673	0.753	0.799	2.4
直口园短管	0.67	0.72	0.866	$\geqslant 2$	0.628	0.768	0.669	1.3
直口矩形短管	0.7	0.72	0.945	$\geqslant 2$	0.592	0.689	0.738	1.8
文丘利型短管	0.855	0.89	0.492	$\geqslant 2$	0.835	0.86（计算值）	0.502	1.4

已知 Q、Z_c 及 μ_c 值，用式（8-22）计算出短管的出口断面积，然后按照表 8-14 计算出短管其他部分尺寸。

4. 设计条件

（1）短管必须在淹没流条件下应用，如下游为自由流，须在闸门前和短管出口断面间建一调节井，用闸门调节井中水位以保证出口淹没。

（2）输送最大流量时，上游水深 $H_{max} \geqslant 1.7D$（a）；最小流量时，下游水深 $H_{min}=(1.1\sim 1.5)D$（a）；对于小型短管，管上水深不得小于 30cm，式中 a 为矩形管的高度。

（3）短管应安装在直线渠段上，也可用于平面角在 120°~130° 的渠段上。

（4）上下游水位差（上游与调节井水位差）$z_c \leqslant 0.4m$。

5. 算例

已知永兰四斗渠最大流量 $Q_{max}=0.5m^3/s$，最小流量 $Q_{min}=0.25m^3/s$，上下游水位差 $Z_c=0.1m$，设计直墙式圆形短管，侧向进水。

（1）确定量水幅度 n 及 Z_{cmax}

$$n=Q_{max}/Q_{min}=0.5/0.25=2$$

$$Z_{cmax} = 0.1 \text{m}$$

（2）确定最大 Z_{kmax} 值

$$Z_{kmax} = Z_{cmax}/k = 0.1/0.668 = 0.15(\text{m})$$

$$Z_{kmin} = Z_{kmax}/n^2 = 0.15/4 = 3.74(\text{cm}) > 2\text{cm}$$

（3）计算圆形短管尺寸

$$w = \frac{Q_{max}}{\mu_c \sqrt{2gz_{cmax}}}$$

$$w = \frac{0.5}{0.768 \sqrt{2g \times 0.1}} = 0.465(\text{m}^2)$$

$$D = \sqrt{\frac{4W}{\pi}} = \sqrt{\frac{4 \times 0.465}{\pi}} = 0.769(\text{m})，采用 0.77\text{m}$$

（4）其他尺寸

$$L = 1.5D = 1.16(\text{m})$$

$$I = 0.5D = 0.385(\text{m})$$

第九章

量 水 堰 槽

一、量水堰槽的构成及测流原理

1. 堰槽构成

量水堰槽是由修建在明渠中的量水堰（或量水槽）及测量堰（槽）前、后水深的水尺（水位计或流量计）组成（见图 9-1）。水尺或水位计提供水深数据，然后根据堰（槽）的流量计算公式，计算过堰（槽）流量。有的堰槽配有专门流量计，可直接显示流量及水量，也可在水尺上标注出流量值。

量水堰或量水槽称一次仪表，而水尺、水位计或流量计称二次仪表。一次仪表研究得比较多，其精确度对流量计影响甚大；二次仪表相对一次仪表来说，研究得比较少。近年来，由于测流的需要，研究开发了一些整体型的堰槽流量计，如巴歇尔流量计等。

2. 堰槽测流原理

量水堰或量水槽都是在明渠中修建一个壅水建筑物，壅水建筑物可以是一个有缺口的薄板，或是一个具有不同形状的底坎，或是两边收缩的水槽。它提高了堰（槽）前的水深，使过堰

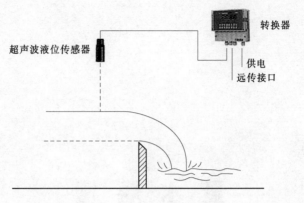

图 9-1　量水堰槽构成示意图

（槽）的水流呈自由流，过堰（槽）流量只与堰（槽）前的水深有关。

　　根据堰坎的厚度 δ 与堰上水头 H 的比值大小将堰分为薄壁堰、实用堰及宽顶堰三种。

　　当 $\dfrac{\delta}{H}<0.67$ 时，为薄壁堰。堰顶水流的形状不受堰坎厚度的影响，水舌下缘与堰顶只有线的接触，水面呈单一的降落曲线，见图 9-2（a）、（b）。堰顶应做成锐缘形，故薄壁堰也称锐缘堰。根据薄壁堰缺口形状，薄壁堰有三角形、矩形、梯形和曲线形等。

　　当 $0.67<\dfrac{\delta}{H}<2.5$ 时，为实用堰。水舌下缘与堰顶呈面的接触，水舌受到堰顶的约束和顶托。越过堰顶水流主要还是在重力作用下自由跌落，见图 9-2（c）、（d）。三角形剖面堰即属此类。

　　当 $2.5<\dfrac{\delta}{H}<10$，为宽顶堰。堰坎厚度对水流的顶托作用非常明显，在堰的进口处形成水面跌落，之后，由于堰顶对水流的顶托作用，有一段水面与堰顶几乎平行，当下游水位较低时，出堰水流又可产生第二次水面跌落，见图 9-2（e），文丘利量水槽即属此类。

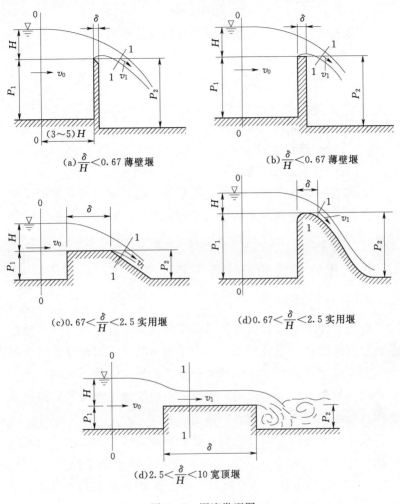

(a) $\dfrac{\delta}{H} < 0.67$ 薄壁堰

(b) $\dfrac{\delta}{H} < 0.67$ 薄壁堰

(c) $0.67 < \dfrac{\delta}{H} < 2.5$ 实用堰

(d) $0.67 < \dfrac{\delta}{H} < 2.5$ 实用堰

(d) $2.5 < \dfrac{\delta}{H} < 10$ 宽顶堰

图 9-2 堰流类型图

堰流的基本计算公式可应用能量方程和连续方程求出。

设 $H + \dfrac{\alpha_0 v_0^2}{2g} = H_0$，则

$$v_1 = \frac{1}{\sqrt{\alpha_1 + \xi}} \sqrt{2g(H_0 - \zeta H_0)} \tag{9-1}$$

设堰顶过水断面积为矩形，其宽度为 b，则过堰流量为

$$Q=mb \sqrt{2g}H_0^{3/2} \tag{9-2}$$

考虑侧向收缩及下游水位淹没对流量的影响，则流量可用式（9-3）表示。

$$Q=\sigma\varepsilon mb \sqrt{2g}H_0^{3/2} \tag{9-3}$$

式中　H_0——总水头；

　　　m——堰的流量系数；

　　　σ——淹没系数；

　　　ε——侧收缩系数。

上式适用各种形式、各种边界及各种流态的堰槽测流的流量公式。各种堰槽的流量系数 m、淹没系数 σ、侧收缩系数 ε 需要经过试验确定。

二、量水堰槽的设计与安装

1. 堰槽设计要求

应根据使用要求及渠道的具体情况选择合适的量水堰（槽），灌溉渠道的配水渠道及田间渠道多用堰槽测流，而薄壁堰则多用于实验室或移动式量水。应尽量选用自由流式的量水堰槽，水头可贵的缓坡渠道应尽量选用水头损失小的堰槽，泥沙多的渠道应选用具有泥沙顺利通过能力的堰槽。

安装量水堰槽的渠段应有足够长的顺直段，保证产生正常的流速分布，堰上游水流必须呈缓流状态，弗劳德数（Fr）不应大于 0.5。量水堰槽上下游段的长度应根据上游不发生壅水，下游不产生淹没流条件确定。

2. 堰槽安装要求

堰槽中心线应与渠道轴线完全重合，两边应对称。堰槽的横断面应与水流方向垂直。应处理好基础，以保证安装质量。

堰槽安装后要进行竣工测量，满足设计要求后方可使用。各部位尺寸的允许偏差应符合下列规定：

（1）堰顶或喉道宽的允许偏差为该宽度的 0.2%，且最大绝对值不大于 0.01m。

（2）堰顶或喉道宽的水平表面允许倾斜偏差为堰顶或喉道水平长度的 0.1% 的坡度。

（3）堰顶或喉道长度的允许偏差为该长度的 1%。

（4）控制断面为三角形或梯形的横向坡度允许偏差为该坡度的 0.1%～0.2%。

（5）堰的上下游纵向坡度的允许偏差为该纵向坡度的 1%。

（6）堰高的允许偏差为设计堰高的 1%，且最大绝对值不大于 0.02m。

3. 量水堰槽的水头测量

（1）水头测量方法。量水堰槽前的水头可以用安装的水尺测量，也可以用各种水位计量测。前者只能进行定时、现场观测；水位计测量水头不但可以定时、现场观测，而且还可以连续记录水位值，并可将水头资料换算为流量存储或远传至管理室。显然，后者较前者先进，但后者价格较高，管理要求也高，全面应用还有一定的困难。

渠道中的水尺可以直立设置，也可安设在渠坡上，最小刻度应为厘米。为了观测方便，也可以标注流量值。

常用的水位计有浮子式、压力式及超声波式等。

（2）水尺零点高程的测定。水深测量是保证流量测量精度的重要部分，水尺零点高程应精确测定，以避免产生水深计算上的系统误差，应使用水准仪测量。薄壁堰的堰顶高程、水平状的堰顶或槽底高程要采用不同方法在不同部位上多次测量取其平均值确定。为避免表面张力和水面起伏的影响，不得用静止水面间接推求水头零点高程。

（3）观测井。采用水位计测量水头时，需要设计和建造观测井。观测井的设计应与使用的水位计要求相适应，要有足够的大小、高度和深度，在多泥沙的渠道上，要考虑泥沙的沉淀和清理。用连通管或引水槽连接渠道与观测井，连通管的直径或引水槽的尺寸应按照不引起观测井中水深滞后和不引起水面波动的原则设计。观测井口缘的高程应超出最大设计水头 30cm。

三、三角形薄壁堰

三角形量水堰结构简单，观察方便，量水精度较高，又便于移动，但过水能力低，因此，一般适用于比降较大或有跌差的农、毛渠道上或量水试验率定等。

（一）三角形量水堰制作及安设要求

1. 三角形量水堰的种类与制作

（1）三角形量水堰的过水断面为三角形缺口，角顶向下，角度可制成 20°、45°、60°、90°、120° 等不同的角度。通常采用 90°，称为直角三角形量水堰。

（2）三角形量水堰由铁板制成，堰口应制成 45°锐缘。

（3）直角三角形量水堰的构造规格见图 9-3、表 9-1。

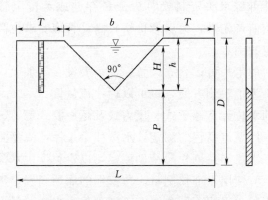

图 9-3　直角三角形量水堰

表 9-1　　　　　　　　　直角三角形量水堰结构尺寸

编号	渠道流量 Q/(L/s)	最大水头 H/cm	口高 H/cm	槛高 P/cm	堰高 D/cm	边宽 T/cm	堰宽 L/cm	堰口宽 B/cm
1	50～70	30	35	30	75	30	150	70
2	70～100	35	40	35	85	35	170	80
3	100～140	40	45	40	95	40	190	90

编号	渠道流量 $Q/(\mathrm{L/s})$	最大水头 H/cm	口高 H/cm	槛高 P/cm	堰高 D/cm	边宽 T/cm	堰宽 L/cm	堰口宽 B/cm
4	140~185	45	50	45	105	45	210	100
5	185~240	50	55	50	115	50	230	110
6	240~300	55	60	55	125	55	250	120
7	300~375	60	65	60	135	60	270	130

注 表中的堰高 D 和堰宽 L 已包括安装尺寸，采用时可视实际需要适当增减。

2. 三角形量水堰的安装

（1）堰板必须水平、垂直，堰槛中心线应与渠道中心线重合。

（2）安装量水堰的渠道要平直，断面标准，安装位置与进口的距离，不得小于渠道正常水深的 2~3 倍。

（3）三角堰的堰槛高度及堰肩宽度应大于最大过堰水深。

（4）堰身周围与土渠紧密掺和，不能漏水。

（5）水尺可设在缺口两侧堰板上，零点与堰槛齐平，水尺刻度至 5mm。

（二）三角形量水堰的流量计算公式

三角形量水堰的流态判别见图 9-4。

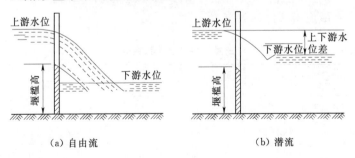

（a）自由流 （b）潜流

图 9-4 堰流形式

1. 自由流时（下游水位低于堰口）

$$Q = \frac{8}{15}\mu \sqrt{2g}\,\mathrm{tg}\,\frac{\theta}{2}H^{2.5} \qquad (9-4)$$

当 θ 等于 $90°$ 即直角三角堰时：

$$Q=1.343H^{2.47}$$

或 $\qquad\qquad Q=1.4H^{2.5} \qquad\qquad\qquad (9-5)$

式中 $\quad Q$——过堰流量，m^3/s；

$\qquad H$——过堰水深，m，通常不超过 0.3m，不小于 0.03m；

$\qquad \mu$——流量系数，约为 0.6；

当 $\qquad\qquad \theta=20° \quad Q=0.25H^{2.5} \qquad\qquad (9-6)$

$\qquad\qquad\qquad \theta=45° \quad Q=0.59H^{2.5} \qquad\qquad (9-7)$

$\qquad\qquad\qquad \theta=60° \quad Q=0.82H^{2.5} \qquad\qquad (9-8)$

$\qquad\qquad\qquad \theta=120° \quad Q=2.5H^{2.5} \qquad\qquad (9-9)$

2. 潜流时（下游水位高于堰口）

对于直角形三角堰

$$Q=1.4\sigma H^{2.5} \qquad\qquad\qquad (9-10)$$

式中 $\quad Q$——潜没系数，$\sigma=\sqrt{0.756-\left(\dfrac{h}{H}-0.13\right)^2}+0.145$；

$\qquad h$——下游水尺读数，m；

$\qquad H$——上游水尺读数，m。

三角形量水堰潜没系数见表 9-2。

表 9-2 　　　　　　　　　　三角形堰潜没流系数表

$\dfrac{h}{H}$	σ	$\dfrac{h}{H}$	σ	$\dfrac{h}{H}$	σ	$\dfrac{h}{H}$	σ	$\dfrac{h}{H}$	σ	$\dfrac{h}{H}$	σ
0.30	0.998	0.42	0.965	0.54	0.912	0.66	0.834	0.78	0.722	0.90	0.548
0.32	0.993	0.44	0.957	0.56	0.901	0.68	0.818	0.80	0.699	0.92	0.508
0.34	0.989	0.46	0.949	0.58	0.889	0.70	0.802	0.82	0.674	0.94	0.461
0.36	0.984	0.48	0.941	0.60	0.877	0.72	0.784	0.84	0.647	0.96	0.404
0.38	0.978	0.50	0.932	0.62	0.863	0.74	0.765	0.86	0.617	0.98	0.328
0.40	0.972	0.52	0.922	0.64	0.849	0.76	0.744	0.88	0.585		

通过顶角 θ 为 45°、90°、120°的三角形堰的水流形态呈自由流时，过堰流量可根据上游水尺读数，从表 9-4～表 9-6 中查得；潜流时乘以潜没系数即得相应流量。三角形量水堰流量计算过程可参照表 9-3。

表 9-3 　　　　　　　　　三角形量水堰流量计算表式　　　　　　　第　　页

测站名称									
流量计算公式				闸门开关时间		年　月　日　　时　　分			开关
观测时间				过堰水深 /cm	流量 Q / (L/s)	平均流量 $\overline{Q}$ / (L/s)	历时 t /s	水量 V /m³	累计水量 ΣV /m³	备注
月	日	时	分							

观测者_____　　　计算者_____　　　校核者_____

表 9-4 　　　　　　　　顶角 θ=45°的三角形堰流量值

H/m	0.000	0.002	0.004	0.006	0.008
0.05	0.0004	0.0004	0.0004	0.0005	0.0005
0.06	0.0006	0.0006	0.0007	0.0007	0.0008
0.07	0.0008	0.0009	0.0009	0.0010	0.0010
0.08	0.0011	0.0012	0.0012	0.0013	0.0014
0.09	0.0015	0.0016	0.0017	0.0017	0.0018
0.10	0.0019	0.0020	0.0021	0.0022	0.0023
0.11	0.0024	0.0025	0.0026	0.0027	0.0029

H/m	0.000	0.002	0.004	0.006	0.008
0.12	0.0030	0.0031	0.0032	0.0034	0.0035
0.13	0.0036	0.0037	0.0039	0.0040	0.0041
0.14	0.0043	0.0045	0.0046	0.0048	0.0049
0.15	0.0051	0.0053	0.0055	0.0056	0.0058
0.16	0.0060	0.0062	0.0064	0.0065	0.0067
0.17	0.0069	0.0071	0.0073	0.0076	0.0078
0.18	0.0080	0.0083	0.0086	0.0088	0.0090
0.19	0.0092	0.0094	0.0097	0.0099	0.010
0.20	0.010	0.011	0.011	0.011	0.012
0.21	0.012	0.012	0.012	0.013	0.013
0.22	0.013	0.013	0.014	0.014	0.015
0.23	0.015	0.015	0.015	0.016	0.016
0.24	0.016	0.016	0.017	0.017	0.018
0.25	0.018	0.018	0.019	0.019	0.020
0.26	0.020	0.020	0.021	0.021	0.022
0.27	0.022	0.022	0.023	0.023	0.024
0.28	0.024	0.024	0.025	0.025	0.026
0.29	0.026	0.027	0.027	0.027	0.028
0.30	0.028	0.029	0.029	0.030	0.031
0.31	0.031	0.032	0.032	0.033	0.033
0.32	0.034	0.034	0.035	0.035	0.036
0.33	0.037	0.037	0.038	0.038	0.039
0.34	0.039	0.040	0.041	0.041	0.042
0.35	0.042	0.043	0.043	0.044	0.044
0.36	0.045	0.046	0.046	0.047	0.048
0.37	0.049	0.050	0.050	0.051	0.051
0.38	0.052	0.053	0.053	0.054	0.054
0.39	0.055	0.056	0.057	0.058	0.058

表 9-5 顶角 $\theta = 90°$ 的三角形堰流量值

H/m	0.000	0.002	0.004	0.006	0.008
0.05	0.0008	0.0008	0.0009	0.0009	0.0011
0.06	0.0013	0.0014	0.0014	0.0015	0.0017
0.07	0.0018	0.0020	0.0021	0.0022	0.0024
0.08	0.0025	0.0027	0.0028	0.0030	0.0031
0.09	0.0033	0.0036	0.0038	0.0040	0.0042
0.10	0.0045	0.0047	0.0049	0.0051	0.0053
0.11	0.0056	0.0058	0.0061	0.0064	0.0067
0.12	0.0070	0.0073	0.0076	0.0079	0.0082
0.13	0.0085	0.0088	0.0092	0.0095	0.0099
0.14	0.010	0.011	0.011	0.011	0.012
0.15	0.012	0.013	0.013	0.013	0.014
0.16	0.014	0.015	0.015	0.016	0.016
0.17	0.017	0.017	0.018	0.018	0.019
0.18	0.019	0.020	0.020	0.021	0.021
0.19	0.022	0.023	0.023	0.024	0.024
0.20	0.025	0.026	0.026	0.027	0.028
0.21	0.028	0.029	0.030	0.030	0.031
0.22	0.032	0.032	0.033	0.034	0.035
0.23	0.036	0.036	0.037	0.038	0.039
0.24	0.040	0.040	0.041	0.042	0.043
0.25	0.044	0.045	0.046	0.046	0.047
0.26	0.048	0.049	0.050	0.051	0.052
0.27	0.053	0.054	0.055	0.056	0.057
0.28	0.058	0.059	0.060	0.061	0.062
0.29	0.064	0.065	0.066	0.067	0.068
0.30	0.069	0.070	0.072	0.073	0.074
0.31	0.075	0.076	0.078	0.079	0.080
0.32	0.082	0.083	0.084	0.085	0.086
0.33	0.088	0.089	0.090	0.092	0.093
0.34	0.094	0.096	0.097	0.099	0.100
0.35	0.101	0.103	0.104	0.106	0.107
0.36	0.109	0.110	0.112	0.113	0.115
0.37	0.117	0.118	0.120	0.121	0.123
0.38	0.125	0.126	0.128	0.130	0.131
0.39	0.133	0.135	0.136	0.138	0.140

H/m	0.000	0.002	0.004	0.006	0.008
0.40	0.142	0.143	0.145	0.147	0.149
0.41	0.151	0.153	0.155	0.156	0.158
0.42	0.160	0.162	0.164	0.166	0.168
0.43	0.170	0.172	0.174	0.176	0.178
0.44	0.180	0.182	0.184	0.186	0.188
0.45	0.190	0.193	0.195	0.197	0.199
0.46	0.201	0.204	0.206	0.208	0.210
0.47	0.212	0.215	0.217	0.219	0.221
0.48	0.223	0.225	0.228	0.230	0.233
0.49	0.235	0.238	0.240	0.243	0.245
0.50	0.248	0.250	0.253	0.255	0.258

表 9 - 6　　　　顶角 $\theta=120°$ 的三角形堰流量值

H/m	0.000	0.002	0.004	0.006	0.008
0.05	0.0015	0.0016	0.0018	0.0019	0.0020
0.06	0.0022	0.0024	0.0026	0.0028	0.0030
0.07	0.0032	0.0034	0.0037	0.0039	0.0041
0.08	0.0044	0.0047	0.0050	0.0053	0.0056
0.09	0.0060	0.0063	0.0067	0.0070	0.0074
0.10	0.0077	0.0081	0.0085	0.0090	0.0094
0.11	0.0098	0.010	0.011	0.011	0.012
0.12	0.012	0.013	0.013	0.014	0.014
0.13	0.015	0.016	0.016	0.017	0.017
0.14	0.018	0.019	0.019	0.020	0.020
0.15	0.021	0.022	0.023	0.024	0.024
0.16	0.025	0.026	0.027	0.027	0.028
0.17	0.029	0.030	0.031	0.032	0.033
0.18	0.034	0.035	0.036	0.037	0.038
0.19	0.039	0.040	0.041	0.042	0.043

H/m	0.000	0.002	0.004	0.006	0.008
0.20	0.044	0.045	0.046	0.047	0.048
0.21	0.049	0.050	0.051	0.053	0.054
0.22	0.055	0.056	0.058	0.059	0.061
0.23	0.062	0.063	0.065	0.066	0.067
0.24	0.069	0.070	0.072	0.073	0.075
0.25	0.076	0.078	0.079	0.081	0.082
0.26	0.084	0.086	0.088	0.089	0.091
0.27	0.093	0.095	0.097	0.098	0.100
0.28	0.102	0.104	0.106	0.107	0.109
0.29	0.111	0.113	0.115	0.117	0.119
0.30	0.121	0.123	0.125	0.127	0.129
0.31	0.131	0.133	0.135	0.138	0.140
0.32	0.142	0.144	0.146	0.149	0.151
0.33	0.153	0.155	0.158	0.160	0.163
0.34	0.165	0.167	0.170	0.172	0.175
0.35	0.177	0.180	0.182	0.185	0.187
0.36	0.190	0.193	0.196	0.198	0.201
0.37	0.204	0.207	0.210	0.212	0.215
0.38	0.218	0.221	0.224	0.227	0.230
0.39	0.233	0.236	0.239	0.242	0.245
0.40	0.248	0.251	0.254	0.257	0.260
0.41	0.263	0.266	0.270	0.273	0.277
0.42	0.280	0.283	0.287	0.290	0.294
0.43	0.297	0.300	0.304	0.307	0.311
0.44	0.314	0.318	0.321	0.325	0.328
0.45	0.332	0.336	0.340	0.343	0.347
0.46	0.351	0.355	0.359	0.363	0.367
0.47	0.371	0.375	0.379	0.383	0.387
0.48	0.391	0.395	0.399	0.403	0.407
0.49	0.411	0.415	0.420	0.424	0.428
0.50	0.432	0.436	0.441	0.445	0.450

四、梯形薄壁堰

梯形薄壁堰具有结构简单、造价低廉、测计方便、量测精度高等特点。但水头损失较大，不易通过泥沙，适宜在渠道比降大、含沙量小的渠道上使用，过水能力较大。

1. 制作及尺寸

梯形薄壁堰为上宽下窄的梯形缺口，堰口侧边通常为 4:1（直:横）的斜边，堰口为锐缘形状（见图 9-5）。梯形堰一般用铁板做成。堰槛宽度 B 在 1.5m 以下的，称为标准堰。标准堰各部的尺寸及适当流量范围见表 9-7。计算流量时，可采用表 9-7下式中的流量系数值。

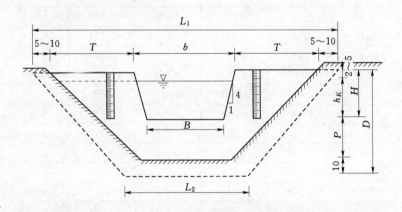

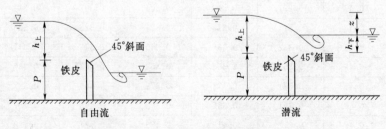

图 9-5 梯形量水堰图

表 9-7　　常用梯形量水堰结构尺寸表　　单位：cm

堰槛宽 B	b	$H_{最大}$	h	T	P	D	L	适宜施测流量 Q /(L/s)
25	31.6	8.3	13.3	8.3	8.3	26.6	64.2	2～12
50	60.8	16.6	21.6	16.6	16.6	43.2	110.0	10～63
75	90.0	25.0	30.0	25.0	25.0	60.0	156.0	30～178
100	119.1	33.3	38.3	33.3	33.3	76.6	201.7	6～365
125	148.3	41.6	46.6	41.6	41.6	93.2	247.5	102～640
150	177.5	50.0	55.0	50.0	50.0	110.0	293.5	165～1009

注　1. D 和 L 包括安装尺寸（5～8cm），安装尺寸可视实际需要适当增减。

2. 表中流量 Q 系指自由流情况下按公式 $Q=1.86BH^{3/2}$ 计算流量。

3. 表中 $b=B+\dfrac{h}{2}$；　　　$H_{最大}=\dfrac{B}{3}$；

$h=\dfrac{B}{3}+5$；　　　$T=\dfrac{B}{3}$；

$P\geqslant\dfrac{B}{3}$；　　　$D=P+h+5$；

$L=b+2T+16$。

2. 安设要求

（1）堰槛水平，堰身直立，堰身中线应与水流轴线相吻合。对于木制的量水堰应防止浮动。

（2）堰口倾斜面朝向下游。

（3）安装梯形量水堰的渠段宽度应大于堰身宽度，上游平直渠段长度不得小于 10 倍堰槛宽，下游平直渠段长度不得小于 4 倍堰槛宽。

（4）欲使过堰水流为自由流，在能保持通过计划流量的前提下，安装时应使堰槛高出下游水面 2cm。如下游水面高于堰槛，则为潜流，应按潜流公式计算流量。

（5）渠岸距堰口两侧应保持一定距离，其长度不应小于最大过堰水深，以保持原流量系数的精确度。

（6）堰身段建议做成 0.5～1.0m 的直立侧墙，然后以扭曲面型式的护坡与上、下游渠道边坡衔接，衔接段长度可取最大过堰水深的 3～5 倍。护坡可用块石或其他材料砌筑。

（7）上、下游渠底应加护砌。下游渠底在堰后一段还应适当加深护砌，形成消力池。潜流时可不设消力池。衔接段的长度上、下游均用 4～6 倍最大过堰水深，上游亦可根据土质情况适当减小。

3. 水尺安设

梯形堰的上下游水尺，分别安设在堰板上、下游距离的3～4倍最大过堰水深处。但经试验证明误差不大时，上游水尺也可设在堰板旁侧或直接绘于堰板上，下游水尺安设在堰板下游距离堰板约3～4倍最大过堰水深处，若该处水面波动，不便观察，则应在旁侧设置观察井。水尺零点高程与堰槛高程应在同一个水平面上。

4. 流量计算公式

堰口应在同一平面上。当堰口宽度等于或大于过堰水头 3 倍时，可以抵消堰口旁侧对于水流的收缩影响。为使水流在堰前能充分地收缩，保证原试验流量系数的准确，堰坎与渠底 p 及堰上口与渠岸的距离 T 应不小于最大过堰水深 H，过堰水深不得大于1/3或小于1/10堰槛宽。

（1）自由流时（下游水面低于堰槛）：

$$Q=1.86BH^{3/2} \tag{9-11}$$

式中　Q——流量，m^3/s；

　　1.86——流量系数，经实验求得；当来水流速大于 0.3m/s时，则采用1.9；

　　B——堰槛底宽，m；

　　H——过堰水深，m。

（2）水流形态为潜流时（下游水面高出堰槛，上、下游水位

差与堰槛高之比 $\dfrac{f}{P}$ 小于 0.7）：

$$Q = 1.86\sigma_n B H^{3/2} \qquad (9-12)$$

式中　σ_n——潜没系数，与上游水头和下游水面高出堰之比有关，依经验计算。梯形量水堰潜没系数见表 9-8。

（3）使用梯形量水堰量水时，可根据上、下游水位读数，从表 9-9 及表 9-10 中查得相应流量数值，或预先根据堰槛宽度利用公式计算出不同水位-流量关系图表，以供查用。当堰上水流呈自由流态时，还可以安设流量尺，以便直接观读。

表 9-9、表 9-10 是根据式（9-11）、式（9-12），并假设 $B=1\mathrm{m}$ 时，计算制成的。应用时，根据过堰水深从表 9-9、表 9-10 中查出相应流量后再乘以实际堰宽 B 即得所求流量。梯形量水堰水量计算表见表 9-11。

表 9-8　　　　　　　　　　梯形量水堰潜没系数表

$\dfrac{h_n}{H}$	σ_n	$\dfrac{h_n}{H}$	σ_n	$\dfrac{h_n}{H}$	σ_n	$\dfrac{h_n}{H}$	σ_n
0.06	0.996	0.50	0.855	0.28	0.946	0.72	0.714
0.08	0.992	0.52	0.845	0.30	0.939	0.74	0.698
0.10	0.988	0.54	0.834	0.32	0.932	0.76	0.682
0.12	0.984	0.56	0.823	0.34	0.925	0.78	0.662
0.14	0.980	0.58	0.812	0.36	0.917	0.80	0.642
0.16	0.976	0.60	0.800	0.38	0.909	0.82	0.621
0.18	0.972	0.62	0.787	0.40	0.901	0.84	0.599
0.20	0.968	0.64	0.774	0.42	0.892	0.86	0.576
0.22	0.963	0.66	0.760	0.44	0.884	0.88	0.550
0.24	0.958	0.68	0.746	0.46	0.875	0.90	0.520
0.26	0.952	0.70	0.730	0.48	0.865		

表 9-9　　　　自由流梯形量水堰流量表（堰槛宽＝1m）

过堰水深 H/cm	流量 Q/(L/s)	过堰水深 H/cm	流量 Q/(L/s)	过堰水深 H/cm	流量 Q/(L/s)	过堰水深 H/cm	流量 Q/(L/s)
2.0	5.28	7.6	39.12	13.2	89.46	18.8	151.53
2.2	6.10	7.8	40.64	13.4	91.52	19.0	154.00
2.4	7.00	8.0	42.20	13.6	93.58	19.2	156.07
2.6	7.80	8.2	43.82	13.8	95.64	19.4	158.93
2.8	8.70	8.4	45.44	14.0	97.70	19.6	161.40
3.0	9.68	8.6	47.06	14.2	99.82	19.8	163.87
3.2	10.70	8.8	48.70	14.4	101.94	20.0	186.33
3.4	11.80	9.0	50.34	14.6	104.06	20.2	168.87
3.6	12.84	9.2	52.06	14.8	106.20	20.4	171.40
3.8	13.88	9.4	53.78	15.0	108.34	20.6	173.93
4.0	14.92	9.6	55.50	15.2	110.54	20.8	176.47
4.2	16.00	9.8	57.22	15.4	112.74	21.0	179.00
4.4	17.22	10.0	58.96	15.6	114.94	21.2	181.53
4.6	18.40	10.2	60.16	15.8	117.14	21.4	184.07
4.8	19.60	10.4	62.58	16.0	119.36	21.6	186.60
5.0	20.84	10.6	64.40	16.2	121.62	21.8	189.13
5.2	22.04	10.8	66.22	16.4	123.88	22.0	191.67
5.4	23.34	11.0	68.04	16.6	126.14	22.2	194.33
5.6	24.76	11.2	69.92	16.8	128.42	22.4	197.00
5.8	26.08	11.4	71.82	17.0	130.70	22.6	199.67
6.0	27.40	11.6	73.72	17.2	132.40	22.8	202.33
6.2	28.80	11.8	75.62	17.4	134.70	23.0	205.00
6.4	30.22	12.0	77.52	17.6	137.00	23.2	207.73
6.6	31.64	12.2	79.50	17.8	139.33	23.4	210.47
6.8	33.08	12.4	81.48	18.0	141.67	23.6	213.20
7.0	34.54	12.6	83.46	18.2	144.13	23.8	215.93
7.2	36.06	12.8	85.44	18.4	146.60	24.0	218.67
7.4	37.60	13.0	87.42	18.6	149.07	24.2	221.40

过堰水深 H/cm	流量 Q/(L/s)	过堰水深 H/cm	流量 Q/(L/s)	过堰水深 H/cm	流量 Q/(L/s)	过堰水深 H/cm	流量 Q/(L/s)
24.4	224.13	28.4	280.87	32.4	341.47	36.4	407.33
24.6	226.87	28.6	283.80	32.6	344.53	36.6	410.00
24.8	229.60	28.8	286.73	32.8	347.60	36.8	414.67
25.0	232.33	29.0	289.67	33.0	350.67	37.0	418.33
25.2	235.13	29.2	292.67	33.2	354.07	37.2	421.60
25.4	237.93	29.4	295.67	33.4	357.47	37.4	424.87
25.6	240.73	29.6	298.67	33.6	360.87	37.6	428.13
25.8	243.53	29.8	301.67	33.8	364.27	37.8	431.40
26.0	247.33	30.0	304.67	34.0	367.67	38.0	434.67
26.2	249.73	30.2	307.73	34.2	370.87	38.2	438.00
26.4	251.93	30.4	310.80	34.4	374.07	38.4	441.33
26.6	254.73	30.6	313.87	34.6	377.27	38.6	445.67
26.8	257.53	30.8	316.93	34.8	380.67	38.8	448.00
27.0	260.33	31.0	320.00	35.0	383.67	39.0	451.33
27.2	263.27	31.2	323.07	35.2	386.93	39.2	454.93
27.4	266.20	31.4	326.13	35.4	390.20	39.4	458.53
27.6	269.13	31.6	329.20	35.6	393.47	39.6	462.13
27.8	272.07	31.8	332.27	35.8	396.73	39.8	466.07
28.0	275.00	32.0	335.33	36.0	400.00	40.0	469.33
28.2	277.93	32.2	338.40	36.2	403.67		

表 9-10　　潜没梯形堰流量表 (堰槛宽＝1m)

流量＼下游水位／上游水位	0	1	3	5	7	9	10	12	14	16	18	20
2	5.3	4.6										
3	9.9	9.2										
4	15.2	14.5	10.5									
5	21.2	20.5	16.9									
6	27.9	27.2	23.9	17.0								

流量　下游水位 上游水位	0	1	3	5	7	9	10	12	14	16	18	20
7	35.2	34.4	31.2	25.4								
8	43.0	42.1	39.1	33.7	24.0							
9	51.3	50.6	47.6	42.2	36.6							
10	60.0	59.2	56.3	51.3	43.9	31.2						
11	69.4	68.6	65.7	60.6	53.7	43.0	36.1					
12	78.9	78.2	75.1	71.0	64.0	54.3	47.6					
13	89.2	88.3	85.5	81.0	74.3	65.7	59.8	46.3				
14	99.5	98.9	96.0	91.3	85.1	79.0	71.8	57.4				
15	110.3	110.0	107.0	103.0	96.4	88.3	83.8	71.0				
16	123.0	122.0	118.0	113.5	102.4	100.0	94.8	83.9	68.5			
17	133.2	132.5	129.3	125.0	119.0	111.8	107.3	96.2	82.7			
18	145.1	145.0	142.0	138.0	132.0	124.0	120.0	110.0	96.5	77.5		
19	157.2	156.7	153.5	149.7	143.5	138.8	132.0	122.7	109.8	94.2		
20	169.9	170.0	166.0	163.0	157.0	149.0	145.0	136.0	124.0	109.1	89.2	
21	182.7	182.0	179.0	175.0	169.5	162.0	158.0	149.4	137.5	124.6	103.0	
22	196.0	196.0	192.0	189.0	182.0	176.0	172.0	164.1	152.0	139.0	122.0	
23	209.0	208.0	206.0	201.5	196.7	181.7	180.0	177.0	166.0	153.0	138.8	118.0
24	223.1	222.1	219.2	216.0	209.0	203.0	199.0	191.0	181.2	168.0	154.0	138.0
25	237.5	237.0	234.0	229.0	224.0	218.0	214.4	206.0	196.0	184.0	170.0	152.0
26	252.0	251.0	248.0	240.2	239.0	232.0	229.0	220.7	213.0	198.0	185.5	169.0
27	266.8	265.8	262.0	258.5	254.5	247.6	243.0	235.7	225.0	215.0	201.0	186.0
28	281.5	280.5	279.0	274.0	268.0	262.0	259.0	251.0	241.0	231.0	218.0	202.0
29	297.0	295.8	295.5	289.0	284.5	278.0	274.5	266.0	257.0	245.7	233.5	219.0
30	311.6	312.0	308.0	304.0	298.0	292.0	289.0	281.0	271.0	261.0	249.0	235.0
31	328.0	326.2	324.0	320.0	314.4	309.0	305.0	296.3	288.2	277.1	266.0	252.0
32	344.0	342.0	340.0	337.0	331.0	326.0	321.0	313.0	304.0	294.0	283.0	269.0
33	359.7	359.2	356.0	352.0	342.4	341.5	337.5	330.0	321.0	309.5	297.7	285.2

注　表中水位单位为 cm，流量单位为 L/s。

表 9－11　　　　　　　梯形量水堰水量计算表　　　　　　　第　　页

测站名称			堰宽		地点					
流量计算公式			施水 时间 始 终		年　月　日　　时　　分 始 终					

观测时间				水尺读数 /m		水流 形态	流量 Q /(L/s)	平均 流量$\overline{Q}$ /(L/s)	历时 t/s	水量 V /m³	累计 水量 ΣV /m³	备 注
月	日	时	分	堰前	堰后							

观测者_____　　　计算者_____　　　　校核者_____

5. 实例

永济量水示范区梯形堰，堰槛宽 $B=0.5\text{m}$，过堰水深10cm，下游水深低于堰槛，试求其过堰流量。

因其下游水深低于堰槛，故水流呈自由流。由表 9－7 中查得，当 $B=1\text{m}$ 时，过堰流量 $Q=0.059\text{m}^3/\text{s}$，今实际堰宽 $G=0.5\text{m}$，故过堰流量为：

$$Q=0.5\times0.059=0.295(\text{m}^3/\text{s})$$

五、巴歇尔量水槽

巴歇尔量水槽一般用混凝土浇筑而成。其特点是壅水小，量水精度高，适用范围大，观测方便，广泛应用于灌溉渠道测流量水，但结构复杂，造价较高。

（一）量水槽结构及水尺设置

1. 量水槽结构形式

巴歇尔量水槽是由上游收缩段、喉道、下游扩散段三部分组成，其结构形式见图9-6。

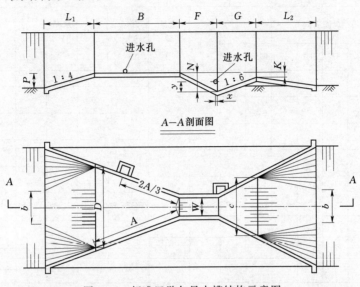

图9-6　标准巴歇尔量水槽结构示意图

2. 量水槽断面尺寸

量水槽的喉道宽度确定后各部尺寸可由表9-12查出。表9-12给出不同喉道的测流范围。

3. 量水槽水尺设置

（1）使用巴歇尔量水槽时，必须上、下游设置水尺。上游水尺位于离喉道起点2A/3处，下游水尺位置在喉道末端以上5cm处。水尺零点均应与槽底齐平。

（2）巴歇尔量水槽由于槽内流速较大，喉道中水面波动较大，直接从槽中测定水位有困难。因此，测定上、下游水位的水尺，应安设在槽壁后的测井内。井底要比槽槛低15～20cm，测井与量水槽可用PVC塑料管连通，管子中心线应高出槽底3cm。

表 9 – 12 　　　　　　　　巴歇尔量水槽标准尺寸表

单位：m

W	A	$\dfrac{2}{3}A$	B	C	D	E	F	G	K	N	X	Y	可测流量/(m³/s)	
													最小	最大
0.25	1.351	0.900	1.325	0.550	0.780								0.006	0.245
0.40	1.420	0.950	1.400	0.700	0.960								0.010	0.400
0.50	1.479	0.986	1.450	0.800	1.080								0.012	0.500
0.60	1.53	1.020	1.500	0.900	1.200								0.015	0.587
0.75	1.606	1.071	1.575	1.050	1.380								0.018	0.735
0.80	1.630	1.090	1.600	1.100	1.440								0.020	0.783
1.00	1.734	1.156	1.700	1.300	1.680	到 1.00	0.600	0.900	0.080	0.230	0.050	0.080	0.025	0.979
1.25	1.861	1.241	1.825	1.550	1.980								0.031	1.225
1.50	1.988	1.326	1.950	1.800	2.280								0.038	1.468
1.75	2.116	1.414	2.075	2.050	2.580								0.044	1.710
2.00	2.243	1.495	2.200	2.300	2.880								0.050	1.960

（二）巴歇尔量水槽的流量计算公式

1. 自由流时（$H_b/H_a < 0.7$）

$$Q = 0.372W(H_a/0.305)^{1.569W0.026} \qquad (9-13)$$

或简易公式 $\qquad Q = 2.4Wh_a^{1.57} \qquad (9-14)$

式中　W——喉道宽，m；

　　　H_a——上游水位，m；

　　　H_b——下游水位，m。

2. 潜没流时（$H_b/H_a > 0.7$）

$$Q' = Q - \Delta W \qquad (9-15)$$

$$\Delta W = \left\{ 0.07 \left[\frac{H_a}{\left[\left(\frac{1.8}{k}\right)^{1.8} - 2.45\right] \times 0.305} \right]^{4.57-3.14k} + 0.007 \right\} W^{0.815}$$

$$(9-16)$$

或者

$$\Delta W = 0.0746 \left\{ \left[\frac{H_a}{\left(\frac{0.928}{k}\right)^{1.8} - 0.747} \right]^{4.57-3.14k} + 0.093k \right\} W^{0.815}$$

$$(9-17)$$

式中　H_a——上游水尺读数；

　　　k——潜没度等于 H_b/H_a；

　　　W——喉道宽，m；

　　　Q——自由流算的流量，$\mathrm{m^3/s}$；

　　　Q'——潜流流量。

用巴歇尔量水，当水流形态为潜流时，流量计算复杂，一般渠道上应尽量使其成为自由流。

当水流为自由流时从表 9-13 中查出喉道宽 1m 时的过槽流量，若喉道宽不是 1m 时，可将表内数字乘以实际喉道宽，即得实际的过槽流量。

表 9－13　　巴歇尔量水槽自由流水位流量关系表（喉道宽＝1m）

水位 H /cm	流量 Q /(L/s)	水位 H /cm	流量 Q /(L/s)	水位 H /cm	流量 Q /(L/s)
5.5	25.0	23.0	239.0	40.5	580.0
6.0	29.0	23.5	247.0	41.0	592.0
6.5	33.0	24.0	255.0	41.5	603.0
7.0	37.0	24.5	264.0	42.0	615.0
7.5	41.0	25.0	274.0	42.5	626.0
8.0	45.0	25.5	281.0	43.0	638.0
8.5	50.0	26.0	289.0	43.5	649.0
9.0	55.0	26.5	298.0	44.0	661.0
9.5	60.0	27.0	307.0	44.5	673.0
10.0	65.0	27.5	316.0	45.0	685.0
10.5	70.0	28.0	325.0	45.5	697.0
11.0	75.0	28.5	334.0	46.0	709.0
11.5	80.0	29.0	344.0	46.5	721.0
12.0	86.0	29.5	353.0	47.0	733.0
12.5	92.0	30.0	362.0	47.5	745.0
13.0	97.0	30.5	372.0	48.0	758.0
13.5	103.0	31.0	381.0	48.5	770.0
14.0	110.0	31.5	391.0	49.0	783.0
14.5	116.0	32.0	401.0	49.5	795.0
15.0	122.0	32.5	411.0	50.0	808.0
15.5	128.0	33.0	421.0	50.5	821.0
16.0	135.0	33.5	431.0	51.0	834.0
16.5	142.0	34.0	441.0	51.5	846.0
17.0	149.0	34.5	451.0	52.0	859.0
17.5	155.0	35.0	462.0	52.5	872.0
18.0	162.0	35.5	472.0	53.0	885.0
18.5	170.0	36.0	482.0	53.5	899.0
19.0	177.0	36.5	493.0	54.0	912.0
19.5	184.0	37.0	504.0	54.5	925.0
20.0	192.0	37.5	514.0	55.0	938.0
20.5	199.0	38.0	525.0	55.5	952.0
21.0	207.0	38.5	536.0	56.0	965.0
21.5	215.0	39.0	547.0	56.5	979.0
22.0	223.0	39.5	558.0		
22.5	231.0	40.0	569.0		

（三）安装注意事项

（1）安装量水槽的渠段应平直，其长度不小于渠中最大水面宽的 8～10 倍，上游不小于 2～3 倍，下游不小于 3～4 倍。

（2）量水槽的中心线与渠道的中心线应重合。

（3）安装时必须严格按照水槽的各部分尺寸施工，不得任意改变。

（4）槽底高程应根据设计要求确定。喉道两侧边墙必须垂直，进口部分底板要水平。

（5）量水槽进口部分与上游渠道衔接，要设置具有 1：4 反坡的底板，其长度 $L_1 = 4H$，两侧由进口部分前端沿 L，长度用扭曲面与上游渠道边坡衔接。出口部分与下游渠道衔接方法，设置具有 1：8～1：10 坡降的底板，其长度 $L_2 = (6～8)H$，两侧由槽身出口部分末端沿 L_2 长度用扭曲面与下游渠道衔接。

（6）进口部分的侧墙与轴线成 $11°19'$ 的扩散角，出口部分的侧墙与轴线成 $9°28'$ 的扩散角。喉道底板的坡降为 3：8，出口部分底板坡降为 1：6（竖：横）。

（7）量水槽侧墙高度应高出量水槽上游水位 0.1～0.2m。

巴歇尔量水槽水量计算表见表 9-14。

表 9-14　　　　　　　巴歇尔量水槽水量计算表　　　年　　月　　日

测站名称				地点				
流量计算公式				喉道宽度/m				
观测时间			水深/cm		流量 Q /（L/s）	平均流量 $\overline{Q}$ /（L/s）	历时 T /s	水量 V /m³	累计水量 $\sum V$ /m³	备注
月	日	时	分	上游	下游						

观测者_____　　　计算者_____　　　校核者_____

110

（四）算例

（1）永济量水示范区有一渠道采用巴歇尔量水槽量水，喉道宽 $W=0.5\text{m}$，测得上游水深 $H_a=0.6\text{m}$，下游水深 $H_b=0.36\text{m}$，求过槽流量。

解：流态判别：因为 $k=H_b/H_a=0.6<0.7$，所以为自由出流。

流量计算：

$$Q=0.372W\left(\frac{H_a}{0.305}\right)^{1.569W^{0.026}}$$

$$=0.372\times0.5\left(\frac{0.6}{0.305}\right)^{1.569\times0.5^{0.026}}$$

$$=0.533(\text{m}^3/\text{s})$$

用简化公式计算：

$$Q=2.4W\,H_a^{1.57}$$

$$=2.4\times0.5\times0.6^{1.57}$$

$$=0.538(\text{m}^3/\text{s})$$

（2）上述例题，当下游水深 $H_b=0.48\text{m}$ 时，求过槽流量。

解：流态判别：$k=H_b/H_a=0.48/0.6=0.8>0.7$，为潜没流。

流量计算：

$$Q'=Q-\Delta W=0.533\text{m}^3/\text{s}$$

$$\Delta W=\left\{0.07\times\left[\frac{H_a}{\left[\left(\frac{1.8}{k}\right)^{1.8}-2.45\right]\times0.305}\right]^{4.57-3.14k}+0.007\right\}W^{0.815}$$

$$=\left\{0.07\times\left[\frac{0.6}{\left[\left(\frac{1.8}{0.8}\right)^{1.8}-2.45\right]\times0.305}\right]^{4.57-3.14\times0.8}+0.007\right\}0.5^{0.815}$$

$$=\{0.07\times1.0607^{2.058}+0.007\}\times0.5^{0.815}$$

$$=0.049(\text{m}^3/\text{s})$$

$$Q' = 0.533 - 0.049 = 0.484 (\mathrm{m^3/s})$$

六、无喉道量水槽

无喉道量水槽是在巴歇尔量水槽的基础上，改进成的一种量水设备。由于它的喉道长度为零，断面为矩形，平底，所以叫做矩形平底无喉道量水槽，简称为无喉道量水槽。

无喉道量水槽与巴歇尔量水槽相比，具有结构简单，省工省料，经济实用等优点。

1. 结构尺寸及水尺设置

(1) 量水槽的结构。量水槽为水平槽底，矩形断面；其进口段以 3∶1 收缩，出口断以 6∶1 扩散，进出口宽度相等。其结构见图 9-7。

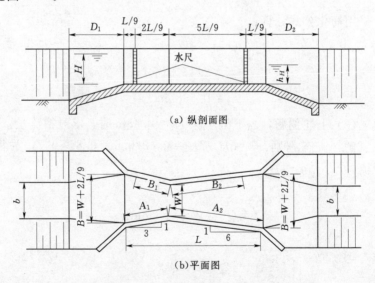

(a) 纵剖面图

(b) 平面图

图 9-7　无喉道量水槽示意图

(2) 量水槽的尺寸。量水槽进、出口的翼墙与水槽轴线在平面上的交角为 $45°\sim90°$，不可小于 $45°$，否则量水槽长度会增加，而影响量水精度。翼墙长度应能保证与渠道边坡相连接，量水槽各部尺寸见表 9-15。

表 9 - 15 无喉道量水槽各部尺寸表 （m）

槽　型	喉宽	槽长	上游侧墙长度	下游侧墙长度	上游水尺位置	下游水尺位置	进、出口宽度	上游护坦长度	下游护坦长度
$W \times L$	W	L	A_1	A_2	B_1	B_2	b	D_1	D_2
0.20×0.90	0.20	0.90	0.316	0.608	0.211	0.507	0.40	0.60	0.80
0.40×1.35	0.40	1.35	0.474	0.913	0.316	0.760	0.70	0.80	1.20
0.60×1.80	0.60	1.80	0.632	1.217	0.422	1.014	1.00	1.00	1.60
0.80×1.80	0.80	1.80	0.632	1.217	0.422	1.014	1.20	1.20	2.00
1.00×2.70	1.00	2.70	0.950	1.825	0.632	1.521	1.60	1.40	2.40
1.20×2.70	1.20	2.70	0.950	1.825	0.632	1.521	1.80	1.60	2.80
1.40×3.60	1.40	3.60	1.265	2.433	0.843	2.028	2.00	1.80	3.20
1.60×3.60	1.60	3.60	1.265	2.433	0.843	2.028	2.20	2.00	3.60
1.80×3.60	1.80	3.60	1.265	2.433	0.843	2.028	2.40	2.20	4.00
2.00×3.60	2.00	3.60	1.265	2.433	0.843	2.028	2.60	2.40	4.40

注　表中符号意义，见图 9 - 7。

（3）水尺设置。量水槽上、下游水尺安设在矩形水槽进、出口为槽长 1/9 处，见图 9 - 7。水尺可设在侧墙壁上，应垂直于槽底，零点与槽底平齐。可直接观察水位，对于大型量水槽（喉宽 W 在 1.00m 以上），由于水面波动大，不易准确看出水位，可在槽外设观察井，进行水位观察。

2. 流量计算公式

量水槽中水流有自由流与潜没流两种流态，用槽内下游水深 h_H 与上游水深 H 的比值 S_t 来判别。$h_H/H < S_t$ 为自由流；$h_H/H > S_t$ 为潜流，S_t 为过渡潜没度，随槽长而变。

（1）自由流计算公式。

$$Q = C_1 H^{n_1} \tag{9-18}$$
$$C_1 = k_1 W^{1.025}$$

式中　Q——过槽流量，m^3/s；

　　　H——槽内上游水深，m；

　　　C_1——自由流系数，查表 9 - 16；

　　　n_1——自由流指数；

k_1——自由流槽长系数；

W——喉宽，m。

自由流槽长系数 k_1 与指数 n_1 关系曲线见图 9-8。

表 9-16   无喉道量水槽自由流系数和指数查用表

$W \times L$	0.20 ×0.90	0.40 ×1.35	0.60 ×1.80	0.80 ×1.80	1.00 ×2.70	1.20 ×2.70	1.40 ×3.60	1.60 ×3.60	1.80 ×3.60	2.00 ×3.60
C_1	0.696	1.042	1.40	1.88	2.16	2.60	2.95	3.38	3.82	4.24
n_1	1.80	1.71	1.64	1.64	1.57	1.57	1.55	1.55	1.55	1.55
k_1	3.65	2.68	2.36	2.36	2.16	2.16	2.09	2.09	2.09	2.09

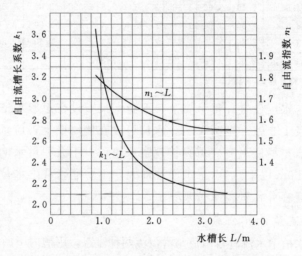

图 9-8　自由流槽长系数 k_1 与指数 n_1 关系曲线

（2）潜没流计算公式。

$$Q = C_2 (H - h_H)^{n_1} / (1 - \log S)^{n_2} \qquad (9-19)$$
$$C_2 = k_2 W^{1.025}$$

式中　C_2——潜没流系数，查表 9-17；

S——潜没度，$S = h_b / h_a$；

n_2——潜没流指数；

k_2——潜没流槽长系数。

潜没流槽长系数 k_2 和指数 n_2 及潜没度 S_t 关系曲线见图 9-9。

114

表 9 - 17　　　　　　　无喉道量水槽潜没流系数和指数查用表

$W \times L$	0.20×0.90	0.60×1.80	1.00×2.70	1.40×3.60	1.80×3.60	0.40×1.35	0.80×1.80	1.20×2.70	1.60×3.60	2.00×3.60
C_2	0.397	0.79	1.17	1.57	2.03	0.598	1.06	1.41	1.80	2.25
n_2	1.46	1.36	1.34	1.34	1.34	1.40	1.38	1.34	1.34	1.34
k_2	2.08	1.33	1.17	1.11	1.11	1.53	1.33	1.17	1.11	1.11
S_t	0.65	0.70	0.75	0.80	0.80	0.70	0.70	0.75	0.80	0.80

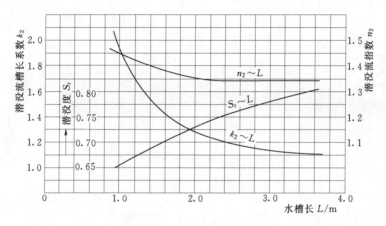

图 9 - 9　潜没流槽长系数 k_2 和指数 n_2 及潜没度 S_t 关系曲线

3. 安设

（1）安设量水槽的渠道必须顺直，断面要规则，坡降要一致，上、下游的直线渠段长不宜短于 20m，水槽的轴线应与直线渠段的中线重合。

（2）安设水槽时应严格按照水槽的结构尺寸施工，保持水槽侧墙垂直、角度正确、底板水平。

4. 设计

（1）根据渠道输水能力，选定适宜的水槽尺寸（喉宽 W 和水槽长 L），为了获得更高的观察精度，喉宽与槽长之比（W/L）应在 0.1～0.4 的范围内选择，渠底宽要稍大于水槽进出口的宽度。各种水槽尺寸及流量见表 9 - 18～表 9 - 24。

表 9-18

无喉道量水槽流量表 (W=0.20m, L=0.90m)

H/cm	自由度 Q/(L/s)	上下游水位差 H−h_H/cm																		
		1	2	3	4	5	6	7	8	9	10	11	12	13	14	15	16	17	18	19
6	4	4	4																	
7	6	5	6																	
8	7	6	7																	
9	9	8	9	9																
10	11	9	10	11																
11	13	10	12	13																
12	15	12	14	15	15															
13	18	13	16	17	18															
14	20	15	18	19	20															
15	23	17	20	22	23	23														
16	26	18	22	24	25	26														
17	29	20	24	27	28	29														
18	32	22	27	29	31	31	32													
19	35	24	29	32	34	35	35													
20	38	26	31	35	37	38	38													
21	42	28	34	37	40	41	42	42												
22	46	30	36	40	43	44	45	45												
23	49	32	39	43	46	48	49	49												

续表

H/cm	自由度 Q/(L/s)	上下游水位差 $H-h_H$/cm																		
		1	2	3	4	5	6	7	8	9	10	11	12	13	14	15	16	17	18	19
24	53	34	41	46	49	51	52	53	53											
25	57	36	44	49	52	55	56	57	57											
26	62	38	47	52	56	59	60	61	61											
27	66	40	50	55	59	62	64	65	66	66										
28	70	43	52	58	63	66	68	69	70	70										
29	75	45	55	62	66	69	72	73	74	75										
30	80	47	58	65	70	73	76	77	78	79	80									
31	85	50	61	68	74	77	80	82	83	84	84									
32	90	52	64	72	77	81	84	86	88	89	89									
33	95	54	67	75	81	85	88	91	92	93	94	94								
34	100	57	70	79	85	89	93	95	97	98	99	99								
35	105	59	73	82	89	94	97	100	102	103	104	105								
36	111	62	77	86	93	98	102	105	107	108	109	110	110							
37	116	64	80	90	97	102	106	109	112	114	115	116	116							
38	122	67	83	93	101	107	111	114	117	119	120	121	122							
39	128	70	86	97	105	111	116	119	122	124	125	126	127	127						
40	134	72	90	101	109	115	120	124	127	129	131	132	133	133						
41	140		93	105	113	120	125	129	132	135	137	138	139	139						
42	146		96	109	118	125	130	134	138	140	142	144	145	145	146					
43	152		100	113	122	129	135	139	143	146	148	150	151	152	152					
44	159		103	117	126	134	140	145	148	151	154	156	157	158	158					

H/cm	自由度 Q/(L/s)	1	2	3	4	5	6	7	8	9	10	11	12	13	14	15	16	17	18	19
																	上下游水位差 $H-h_H$/cm			
45	165		107	121	131	139	145	150	154	157	160	162	163	164	165	165				
46	172		111	125	135	143	150	155	159	163	166	168	169	170	171	172				
47	179		114	129	140	148	155	161	165	169	172	174	176	177	178	178				
48	186		118	133	144	153	160	166	171	175	178	180	182	183	184	185	185			
49	193		121	137	149	158	166	172	176	181	184	186	188	190	191	192	192			
50	200		125	142	154	163	171	177	182	187	190	193	195	197	198	199	199			
51	207		129	146	158	168	176	183	188	193	196	199	202	203	205	206	206	207		
52	214		133	150	163	173	182	188	194	199	203	206	208	210	212	213	213	214		
53	222		137	154	168	178	187	194	200	205	209	212	215	217	219	220	221	221		
54	230		140	159	173	184	193	200	206	211	215	219	222	224	226	227	228	229	229	
55	237		144	163	178	189	198	206	212	217	222	226	229	231	233	234	235	236	236	
56	245		148	168	183	194	204	212	218	224	228	232	235	238	240	242	243	244	244	
57	253		152	172	187	200	209	217	224	230	235	239	242	245	248	249	250	251	252	252
58	261		156	177	192	205	215	223	231	237	242	246	250	252	255	257	258	258	260	260
59	269		160	181	198	210	221	229	237	243	248	253	257	260	262	264	266	267	268	268
60	277		164	186	203	216	227	236	243	250	255	260	264	267	270	272	274	275	276	277

注 自由流: $Q=0.696H^{1.80}$;

潜流: $Q=\dfrac{0.397(H-h_H)^{1.80}}{\left(-\log\dfrac{h_H}{H}\right)^{1.46}}$;

$S_t=0.65$。

表 9 – 19　　　　　　　　　　无喉道量水槽流量表 (W=0.40m, l=1.35m)

H /cm	自由度 Q /(L/s)	上下游水位差 $H-h_H$/cm																		
		1	2	3	4	5	6	7	8	9	10	11	12	13	14	15	16	17	18	19
6	8	8																		
7	11	10	11																	
8	14	12	14																	
9	17	15	17																	
10	20	17	20																	
11	24	20	23	24																
12	28	22	26	27																
13	32	25	29	31																
14	36	28	33	35	36															
15	41	31	36	39	40															
16	45	34	40	43	45															
17	50	37	44	47	49	50														
18	56	40	48	52	54	55														
19	61	43	52	56	59	60														
20	66	47	56	61	64	66														
21	72	50	60	66	69	71	72													
22	78	54	64	70	74	76	78													
23	84	57	69	75	79	82	84													
24	91	61	73	80	85	88	90	91												

H/cm	自由度 Q/(L/s)	上下游水位差 $H-h_H$/cm																		
		1	2	3	4	5	6	7	8	9	10	11	12	13	14	15	16	17	18	19
25	97	64	77	85	90	94	96	97												
26	104	68	82	90	96	99	102	103												
27	111	72	87	96	101	105	108	110	111											
28	118	76	91	101	107	112	115	117	118											
29	125	80	96	106	113	118	121	123	125											
30	133	83	101	112	120	124	128	130	132											
31	141	87	106	117	125	131	134	137	139	140										
32	148	91	111	123	131	137	141	144	146	148										
33	157	96	116	128	137	144	148	152	154	155										
34	165	100	121	134	143	150	155	159	161	163	164									
35	173	104	126	140	150	157	162	166	169	171	172									
36	182	108	131	146	156	164	170	174	177	179	180									
37	190	112	137	152	163	171	177	181	185	187	189	190								
38	199	117	142	158	169	178	184	189	193	195	197	198								
39	208	121	147	164	176	185	192	197	201	204	206	207								
40	217	126	153	170	183	192	199	205	209	212	214	216								
41	227		158	176	189	199	207	213	214	221	223	225	226							
42	236		164	183	196	206	214	221	226	229	232	234	235							
43	246		170	189	203	214	222	229	234	238	241	243	245							
44	256		175	196	210	221	230	237	242	247	250	252	254	255						

続表 → 续表

H /cm	自由流 Q /(L/s)	上下游水位差 $H-h_H$ /cm																		
		1	2	3	4	5	6	7	8	9	10	11	12	13	14	15	16	17	18	19
45	260		181	202	217	229	238	245	251	256	259	262	264	265						
46	276		187	209	224	236	246	254	260	265	268	271	273	275						
47	287		193	215	231	244	254	262	268	274	278	281	283	285	286					
48	297		199	222	239	252	262	271	277	283	287	291	293	295	296					
49	308		205	228	246	260	270	279	286	292	296	300	303	305	306					
50	318		211	235	253	267	279	287	295	301	306	310	313	315	317					
51	329		217	242	261	275	287	297	304	311	316	320	323	325	327		328			
52	341		223	249	268	283	295	305	313	320	325	330	333	336	338		339			
53	352		229	256	276	291	304	314	323	330	335	340	344	346	349		350			
54	363		235	263	283	300	313	323	332	339	345	350	354	357	359		361	362		
55	375		241	270	291	308	321	332	341	349	355	360	364	368	370		372	373		
56	387		247	277	299	316	330	341	351	360	365	371	375	378	381		383	385		
57	398		254	284	307	324	339	350	360	368	375	381	388	389	392		395	396	397	
58	411		260	291	315	333	347	360	370	378	385	391	396	400	404		406	408	409	
59	423		267	299	322	341	356	369	379	388	396	402	407	411	415		417	419	421	
60	435		273	306	330	350	365	378	389	398	406	413	418	422	426		429	431	433	

注：自由流：$Q=1.042H^{1.71}$；

潜流：$Q=\dfrac{0.598(H-h_H)^{1.71}}{\left(-\log\dfrac{h_H}{H}\right)^{1.40}}$；

$S_t=0.685\sim0.69$。

表 9-20　　　　无喉道量水槽流量表 (W=0.60m, l=1.80m)

上下游水位差 $H-h_H$/cm

H/cm	自由度 Q/(L/s)	1	2	3	4	5	6	7	8	9	10	11	12	13	14	15	16	17	18	19	20	21	22	23	24
10	32	28																							
11	37	32	31																						
12	43	36	36	37																					
13	49	40	41	43																					
14	56	44	46	48	55																				
15	62	49	51	54	62																				
16	69	54	57	60	68																				
17	77	58	62	66	75	76																			
18	84	63	68	73	82	83																			
19	92	68	74	79	89	91																			
20	100	73	80	86	96	98																			
21	108	78	86	92	104	106	107																		
22	117	84	92	99	111	114	115																		
23	126	89	98	106	119	122	124																		
24	135	94	105	113	127	130	133	133																	
25	144	99	111	121	135	139	141	142																	
26	154	105	119	128	143	147	150	152																	

H/cm	自由度 Q/(L/s)	上下游水位差 $H-h_H$/cm																							
		1	2	3	4	5	6	7	8	9	10	11	12	13	14	15	16	17	18	19	20	21	22	23	24
27	164	111	131	143	151	156	159	161	162																
28	174	117	138	151	159	165	168	171	172																
29	184	123	145	159	168	174	178	181	182																
30	194	129	152	167	176	183	187	190	192																
31	205	135	160	175	185	192	197	200	202	203															
32	216	141	167	183	194	201	206	210	212	214															
33	227	147	174	191	202	211	216	220	223	224															
34	239	153	182	199	211	220	226	231	234	235	236														
35	250	159	189	208	220	230	236	241	244	246	248														
36	262	165	197	216	230	239	246	252	255	258	259														
37	274	172	205	225	239	249	257	262	266	269	271	271													
38	286	178	212	233	248	259	267	273	277	280	282	283													
39	299	185	220	242	258	269	278	284	289	292	294	295													
40	312	191	228	251	267	279	288	295	300	304	306	308													
41	324		236	260	277	289	299	306	312	316	318	320	321												
42	337		244	269	286	300	310	317	323	328	331	333	334												
43	351		252	278	296	310	320	329	335	340	343	345	347												

H/cm	自由度 Q/(L/s)	1	2	3	4	5	6	7	8	9	10	11	12	13	14	15	16	17	18	19	20	21	22	23	24
											上下游水位差 $H-h_H$/cm														
44	364		261	287	306	320	331	340	347	352	355	358	360	360											
45	378		269	296	316	331	343	352	359	364	368	371	373	374											
46	392		277	306	326	342	354	363	371	376	381	384	386	387											
47	406		286	315	336	352	365	375	383	389	394	397	400	401	402										
48	420		294	325	347	363	376	387	395	401	407	410	413	415	416										
49	435		303	334	357	374	388	399	407	414	420	424	427	429	430										
50	449		311	344	367	385	399	411	420	427	433	437	440	443	444										
51	464		320	353	378	396	411	423	432	440	446	451	454	457	458	459									
52	479		329	363	388	407	423	435	445	453	459	464	468	471	473	474									
53	494		337	373	399	419	435	447	458	466	473	478	482	485	487	489									
54	510		346	383	410	430	447	460	470	479	486	492	496	500	502	504	504								
55	525		355	393	420	441	458	472	483	492	500	506	511	514	517	519	520								
56	541		364	403	431	453	470	485	496	506	514	520	525	529	532	534	535								
57	557		373	413	442	465	483	497	509	519	527	534	539	544	547	549	550	551							
58	573		382	423	453	476	495	510	522	533	541	548	554	559	562	564	566	567							
59	589		391	433	464	488	507	523	536	546	555	563	569	573	577	580	582	583							
60	606		401	444	475	500	519	536	549	560	569	577	583	589	593	596	598	599							
61	622			454	486	512	532	549	562	574	584	592	598	604	608	611	614	615	616						
62	639			464	498	524	544	562	576	588	598	606	613	619	623	627	630	631	632						
63	656			475	509	536	557	575	590	602	612	621	628	634	639	643	646	648	649						

H /cm	自由度 Q /(L/s)	1	2	3	4	5	6	7	8	9	10	11	12	13	14	15	16	17	18	19	20	21	22	23	24
											上下游水位差 $H-h_H$/cm														
64	673			585	520	548	570	588	603	616	627	636	644	650	655	659	662	664	666	666					
65	691			596	532	560	583	601	617	630	641	651	659	665	671	675	678	681	682	683	684				
66	703			607	543	573	595	615	631	645	656	666	674	681	687	691	695	698	699	701					
67	726			617	555	584	608	628	645	659	671	681	690	697	703	708	711	714	716	718					
68	744			628	567	597	621	642	659	673	686	696	705	713	719	724	728	731	734	735	736				
69	762			639	578	609	634	655	673	688	701	711	721	728	735	740	745	748	751	753	754				
70	780			650	590	622	647	669	687	702	716	727	736	744	751	757	762	765	768	770	771	772			
71	798				602	634	661	683	701	717	731	742	752	761	768	774	779	783	786	788	789	790			
72	817				614	647	674	696	716	732	746	758	768	777	784	790	796	800	803	806	807	808	809		
73	836				626	660	687	710	730	747	761	774	784	793	801	807	813	817	821	823	825	826	827		
74	854				638	673	701	725	744	762	776	790	800	810	817	824	830	835	838	841	843	845	846		
75	873				650	685	714	738	759	777	792	805	816	826	834	841	847	852	856	859	862	863	864		
76	893				662	698	728	752	774	792	807	821	832	842	851	858	865	870	874	878	880	882	883		
77	912				674	711	741	767	788	807	823	837	849	859	868	876	882	888	892	896	899	901	902	903	
78	931				686	724	755	781	803	822	838	853	865	876	885	893	900	906	910	914	917	919	921	922	
79	951				699	737	769	795	818	837	854	869	881	893	902	910	917	923	928	933	936	938	940	941	
80	971				711	750	782	810	833	853	870	885	898	909	919	928	935	941	947	951	955	957	959	960	961

注　自由流：$Q=1.4H^{1.64}$；

潜流：$Q=\dfrac{0.79(H-h_H)^{1.64}}{\left(-\log\dfrac{h_H}{H}\right)^{1.36}}$；

$S_t \approx 0.715$。

表 9 − 21　　无喉道量水槽流量表　(W＝0.80m,　l＝1.80m)

H/cm	自由度 Q/(L/s)	上下游水位差 H−h_H/cm																					
		1	2	3	4	5	6	7	8	9	10	11	12	13	14	15	16	17	18	19	20	21	22	23
10	43	37	41	43																				
11	50	42	48	50																				
12	58	48	55	57																				
13	66	54	61	65	66																			
14	75	60	69	73	74																			
15	84	66	76	81	83																			
16	93	72	83	89	91																			
17	103	78	91	97	100	102																		
18	113	85	99	106	110	112																		
19	123	91	107	114	119	122																		
20	134	98	115	124	129	132																		
21	145	105	123	133	139	142	144																	
22	157	112	132	143	149	153	155																	
23	169	119	140	152	160	164	166																	
24	181	127	149	162	170	175	178	179																
25	194	134	158	172	181	186	196	191																
26	206	141	167	182	192	198	202	204																
27	220	149	176	192	202	209	214	216	217															
28	233	157	186	203	214	221	226	229	230															
29	247	165	195	213	225	233	239	242	244															
30	261	173	205	224	236	245	251	255	257															
31	275	181	214	234	248	257	264	268	271	272														
32	290	189	224	245	260	270	277	282	285	287														

H/cm	自由度 Q/(L/s)	上下游水位差 $H-h_H$/cm																						
		1	2	3	4	5	6	7	8	9	10	11	12	13	14	15	16	17	18	19	20	21	22	23
33	305	197	234	256	272	282	290	296	299	301														
34	320	205	244	267	284	295	304	309	313	316	317													
35	336	213	254	279	296	308	317	323	328	331	332													
36	352	222	264	290	308	321	331	338	343	346	348													
37	368	230	275	302	320	334	344	352	357	361	363	364												
38	385	239	285	313	333	348	358	366	372	376	379	380												
39	401	248	296	325	346	361	372	381	387	392	395	396												
40	418	257	306	337	358	374	387	396	403	408	411	413												
41	436		317	349	371	388	401	411	418	423	427	430	431											
42	453		328	361	384	402	415	426	434	439	444	446	448											
43	471		339	373	398	416	430	441	449	456	460	463	465											
44	489		350	385	411	430	445	456	465	472	477	480	483	484										
45	507		361	398	424	444	460	472	481	488	494	498	500	502										
46	526		372	411	437	458	475	487	497	505	511	515	518	520										
47	545		383	423	451	473	490	503	514	522	528	533	536	538	539									
48	564		395	436	465	487	505	519	530	539	545	551	554	557	558									
49	584		406	448	479	502	520	535	546	556	563	568	572	575	576									
50	603		418	461	493	517	536	551	563	572	581	586	591	594	596									

H /cm	Q /(L/s)	1	2	3	4	5	6	7	8	9	10	11	12	13	14	15	16	17	18	19	20	21	22	23

上下游水位差 $H-h_H$/cm

H /cm	Q /(L/s)	1	2	3	4	5	6	7	8	9	10	11	12	13	14	15	16	17	18	19	20	21	22	23
51	623		429	474	507	532	551	567	580	590	598	605	609	613	615	616								
52	643		441	487	521	547	567	584	597	608	616	623	628	632	634	636								
53	664		453	500	535	562	583	600	614	625	634	641	647	651	654	656								
54	684		465	514	549	577	599	617	631	643	652	660	666	671	674	676	677							
55	705		477	527	564	592	615	633	648	661	671	679	685	690	694	696	697							
56	726		489	541	578	608	631	650	666	679	689	698	704	710	714	716	718							
57	748		501	554	593	623	648	667	683	697	708	717	724	729	734	737	738	739						
58	769		513	568	608	639	664	684	701	715	726	736	743	749	754	757	760	761						
59	791		525	581	623	655	680	701	719	733	745	755	763	769	774	778	781	782						
60	813		538	595	638	671	697	719	737	752	764	774	783	790	795	799	802	804						
61	836			609	653	686	714	736	755	770	783	794	803	810	816	820	823	825	826					
62	858			623	668	702	731	754	773	789	802	814	823	830	837	842	845	847	849					
63	881			637	683	719	747	771	791	808	822	833	843	851	858	863	866	869	871					
64	904			651	698	735	764	789	809	827	841	853	863	872	879	884	888	891	893	894				
65	928			666	713	751	782	807	828	846	861	873	884	893	900	906	910	914	916	917				
66	951			680	729	768	799	825	846	865	880	893	904	914	921	927	932	936	938	940				
67	975			694	744	784	816	843	865	884	900	914	925	935	943	949	954	958	961	963	964			
68	999			709	760	801	834	861	884	903	920	934	946	956	964	971	977	981	984	986	987			

H /cm	自由度 Q /(L/s)	上下游水位差 H−h_H /cm																						
		1	2	3	4	5	6	7	8	9	10	11	12	13	14	15	16	17	18	19	20	21	22	23
69	1023			723	776	817	851	879	903	923	940	955	967	977	986	993	999	1004	1007	1010	1011			
70	1047			738	792	834	869	897	922	942	960	975	988	999	1008	1016	1022	1027	1031	1033	1035			
71	1072				808	851	886	916	941	962	980	996	1009	1020	1030	1038	1045	1050	1054	1057	1059	1060		
72	1097				823	868	904	934	960	982	1002	1017	1030	1042	1052	1061	1068	1073	1078	1081	1083	1084		
73	1122				840	885	922	953	979	1002	1022	1038	1052	1064	1074	1083	1090	1096	1101	1105	1107	1109		
74	1147				856	902	940	972	999	1022	1042	1059	1073	1086	1097	1106	1114	1120	1125	1129	1132	1134	1135	
75	1173				872	919	958	991	1018	1042	1062	1080	1095	1108	1119	1129	1137	1143	1149	1153	1156	1158	1160	
76	1199				888	937	976	1010	1038	1062	1083	1101	1117	1130	1142	1152	1160	1167	1173	1177	1181	1183	1185	
77	1225				905	954	995	1029	1058	1082	1104	1123	1139	1153	1165	1175	1184	1191	1197	1202	1205	1208	1210	1211
78	1251				921	971	1013	1048	1077	1103	1125	1146	1161	1175	1187	1198	1207	1215	1221	1227	1231	1234	1236	1237
79	1277				938	989	1031	1067	1097	1123	1146	1166	1183	1198	1210	1222	1231	1239	1246	1251	1256	1259	1261	1263
80	1304				954	1007	1050	1086	1117	1144	1167	1187	1205	1220	1233	1245	1255	1263	1270	1276	1281	1286	1287	1289

注 自由流: $Q = 1.88H^{1.64}$;

潜流: $Q = \dfrac{1.06(H-h_H)^{1.64}}{\left(-\log\dfrac{h_H}{H}\right)^{1.36}}$;

$S_t \approx 0.716$。

表 9 – 22　　　　无喉道量水槽流量表（$W=1.00\text{m}$, $L=2.70\text{m}$）

H /cm	自由度 Q /(L/s)	上下游水位差 $H-h_H$/cm																							
		1	2	3	4	5	6	7	8	9	10	11	12	13	14	15	16	17	18	19	20	21	22	23	24	25
10	58	53	57																							
11	68	60	66																							
12	77	68	75	76																						
13	88	76	85	87																						
14	99	85	94	98																						
15	110	93	104	109																						
16	122	102	114	120	121																					
17	134	111	125	131	132																					
18	146	120	135	142	145																					
19	159	129	146	154	158																					
20	173	139	157	166	170	171																				
21	186	148	168	178	183	186																				
22	200	158	180	191	197	199																				
23	215	168	191	203	210	213																				
24	230	178	203	216	223	228	229																			
25	245	188	215	229	237	242	244																			
26	261	199	227	242	251	257	259																			
27	276	209	239	255	265	271	274																			
28	293	220	252	269	280	287	290	291																		

H/cm	自由度 Q/(L/s)	上下游水位差 $H-h_H$/cm																							
		1	2	3	4	5	6	7	8	9	10	11	12	13	14	15	16	17	18	19	20	21	22	23	24	25
29	309	231	264	283	294	302	306	308																		
30	326	242	277	297	309	317	322	325																		
31	343		290	311	324	333	338	342																		
32	361		303	325	339	349	355	358	360																	
33	379		316	339	355	365	371	376	378																	
34	397		329	354	370	381	388	396	395																	
35	416		343	368	386	397	405	410	413																	
36	434		356	383	401	414	422	428	432	433																
37	453		370	398	417	430	440	446	450	452																
38	473		384	413	433	447	457	464	469	471																
39	493		398	429	450	464	475	482	487	490																
40	512		412	444	466	482	493	501	506	510	511															
41	533		426	460	483	499	511	519	525	529	531															
42	553		440	475	499	516	529	538	545	549	551															
43	574		455	491	516	534	547	557	564	569	572															
44	595		469	507	533	552	566	576	584	589	592	594														
45	617		484	523	550	570	584	595	603	609	611	615														
46	638		499	539	567	588	603	615	623	629	632	636														
47	660		514	556	585	606	622	634	643	650	654	657														

上下游水位差 $H-h_H$/cm

H/cm	自由 Q/(L/s)	1	2	3	4	5	6	7	8	9	10	11	12	13	14	15	16	17	18	19	20	21	22	23	24	25
48	682		529	572	602	624	641	654	664	671	676	679	681													
49	705		544	589	620	643	660	674	684	692	697	701	703													
50	728		559	605	638	662	680	694	705	713	719	723	725													
51	750			622	655	680	699	714	725	734	740	745	747													
52	774			638	673	699	719	734	746	755	762	767	770	772												
53	797			656	692	718	739	755	767	777	784	789	792	795												
54	821			673	710	737	759	775	788	798	806	812	815	818												
55	845			690	728	757	779	796	809	820	828	835	839	842												
56	869			708	747	776	799	817	831	842	850	857	862	865	866											
57	894			725	765	796	819	838	852	864	873	880	886	889	891											
58	918			743	784	815	840	859	874	886	896	904	909	913	915											
59	943			761	803	835	860	880	896	909	919	927	933	937	940											
60	969			778	822	855	881	901	918	931	942	950	957	961	964	966										
61	994			796	841	875	902	923	940	954	965	974	981	986	989	991										
62	1020			814	860	895	922	945	962	977	988	998	1005	1010	1014	1017										
63	1046			832	879	915	944	966	985	1000	1012	1022	1029	1035	1039	1042										
64	1072			850	899	936	965	988	1007	1023	1035	1046	1054	1060	1064	1067	1069									
65	1098			869	918	958	988	1010	1030	1046	1059	1070	1078	1085	1090	1093	1095									
66	1125			887	938	977	1007	1032	1053	1069	1083	1094	1102	1110	1115	1119	1121									

上下游水位差 $H-h_H$/cm

H/cm	Q/(L/s)	1	2	3	4	5	6	7	8	9	10	11	12	13	14	15	16	17	18	19	20	21	22	23	24	25
67	1152			906	958	997	1029	1055	1075	1093	1107	1118	1128	1135	1141	1145	1148									
68	1179			924	977	1018	1051	1077	1098	1116	1131	1143	1153	1161	1167	1171	1174	1176								
69	1206			943	997	1039	1072	1099	1122	1140	1155	1168	1178	1186	1193	1197	1201	1203								
70	1234			961	1017	1060	1094	1122	1145	1164	1180	1193	1203	1212	1219	1224	1228	1230								
71	1262				1037	1081	1116	1145	1168	1188	1204	1217	1229	1238	1245	1250	1254	1257								
72	1290				1058	1102	1138	1167	1192	1212	1229	1243	1254	1264	1271	1277	1282	1285	1287							
73	1318				1078	1124	1160	1190	1215	1236	1253	1268	1280	1290	1298	1304	1309	1312	1314							
74	1346				1098	1145	1183	1213	1239	1260	1278	1293	1306	1316	1324	1331	1336	1340	1342							
75	1375				1119	1167	1205	1237	1263	1285	1303	1319	1332	1342	1351	1358	1363	1368	1370							
76	1404				1139	1188	1228	1260	1287	1309	1328	1344	1358	1369	1378	1385	1391	1395	1399	1400						
77	1433				1160	1210	1250	1283	1311	1334	1353	1370	1384	1395	1405	1413	1419	1424	1427	1429						
78	1462				1181	1232	1273	1307	1335	1359	1379	1396	1410	1422	1432	1440	1447	1452	1455	1458						
79	1492				1202	1254	1296	1330	1359	1384	1404	1422	1436	1449	1459	1468	1475	1480	1484	1487						
80	1522				1223	1276	1319	1354	1384	1409	1430	1448	1463	1476	1487	1496	1503	1509	1513	1516	1517					
81	1552				1244	1298	1342	1378	1408	1434	1455	1474	1490	1503	1514	1524	1531	1537	1542	1545	1547					
82	1582				1265	1320	1365	1402	1438	1459	1481	1500	1516	1530	1542	1552	1560	1566	1571	1575	1577					
83	1612				1286	1342	1388	1426	1457	1484	1507	1527	1543	1558	1570	1580	1588	1595	1600	1604	1607					
84	1643				1307	1365	1411	1450	1482	1510	1533	1553	1570	1585	1598	1608	1617	1624	1629	1634	1637	1639				
85	1674				1328	1387	1435	1474	1507	1535	1559	1580	1598	1613	1626	1636	1645	1653	1659	1663	1667	1689				

H/cm	自由流 Q/(L/s)	1	2	3	4	5	6	7	8	9	10	11	12	13	14	15	16	17	18	19	20	21	22	23	24	25
												上下游水位差 $H-h_H$/cm														
86	1705					1410	1458	1498	1532	1561	1586	1607	1625	1640	1654	1664	1674	1682	1688	1693	1697	1700				
87	1736					1433	1482	1523	1557	1587	1612	1634	1652	1668	1682	1694	1703	1712	1718	1723	1727	1730				
88	1767					1455	1506	1547	1583	1613	1638	1661	1680	1695	1710	1722	1733	1741	1748	1754	1758	1761	1763			
89	1799					1478	1529	1572	1608	1639	1665	1688	1707	1724	1739	1751	1762	1771	1778	1784	1788	1792	1794			
90	1831					1501	1553	1597	1633	1665	1692	1715	1735	1752	1767	1780	1791	1800	1808	1814	1819	1823	1825			
91	1863					1524	1577	1621	1659	1691	1718	1742	1763	1781	1796	1809	1821	1830	1838	1845	1850	1854	1857			
92	1895					1547	1601	1646	1684	1717	1745	1770	1791	1809	1825	1839	1850	1860	1869	1876	1881	1885	1888	1890		
93	1927					1571	1626	1671	1710	1744	1772	1797	1819	1838	1854	1868	1880	1890	1899	1906	1912	1917	1920	1922		
94	1960					1594	1650	1696	1736	1770	1799	1825	1847	1866	1883	1898	1910	1921	1930	1937	1943	1948	1952	1954		
95	1963					1617	1674	1722	1762	1797	1827	1853	1875	1895	1912	1927	1940	1951	1960	1968	1975	1980	1984	1987		
96	2026					1641	1699	1747	1788	1823	1854	1880	1904	1924	1941	1957	1970	1982	1991	1999	2006	2012	2016	2019	2021	
97	2059					1664	1723	1772	1814	1850	1881	1908	1932	1953	1971	1987	2000	2012	2022	2031	2038	2044	2048	2051	2054	
98	2093					1688	1748	1798	1840	1877	1909	1936	1961	1982	2000	2017	2031	2043	2053	2062	2070	2076	2080	2084	2086	
99	2126					1712	1772	1823	1867	1904	1936	1965	1989	2011	2030	2047	2061	2074	2084	2094	2101	2108	2113	2117	2119	
100	2160					1736	1797	1849	1893	1931	1964	1993	2018	2040	2060	2077	2092	2105	2116	2125	2133	2140	2145	2150	2153	2155

注: 自由流: $Q = 2.16H^{1.57}$;

潜流: $Q = \dfrac{1.17(H-h_H)^{1.57}}{\left(-\log\dfrac{h_H}{H}\right)^{1.34}}$;

$S_z \approx 0.77$。

表 9－23   无喉道量水槽流量表 （$W=1.40$m，$L=3.80$m）

H/cm	自由度 Q/(L/s)	上下游水位差 $H-h_H$/cm																		
		1	2	3	4	5	6	7	8	9	10	11	12	13	14	15	16	17	18	19
10	83	78	83																	
11	96	89	96																	
12	110	101	109																	
13	125	112	123																	
14	140	125	137																	
15	156	137	151	156																
16	172	150	166	172																
17	189	163	181	188																
18	207	177	196	205																
19	225	190	212	222																
20	243	204	228	239	243															
21	263	218	244	256	262															
22	282	233	261	274	281															
23	302	247	277	292	300															
24	323	262	294	311	320															
25	344	277	312	330	340	344														
26	366	292	329	349	360	366														
27	388	308	347	368	380	387														
28	410	324	365	387	401	408														

H /cm	自由度 Q /(L/s)	1	2	3	4	5	6	7	8	9	10	11	12	13	14	15	16	17	18	19
								上下游水位差 $H-h_H$/cm												
29	433	339	383	407	421	430														
30	456	355	402	427	442	452	456													
31	480		420	447	464	474	480													
32	504		439	468	485	497	504													
33	529		458	488	507	520	527													
34	554		478	509	529	543	551													
35	580		497	530	552	566	575	580												
36	605		517	552	574	590	600	605												
37	632		537	573	597	613	624	631												
38	658		557	595	620	637	649	657												
39	685		577	617	643	662	674	683												
40	713		598	639	667	686	699	709	713											
41	741		618	662	691	711	725	735	741											
42	769		639	684	714	736	751	761	769											
43	797		660	707	739	761	777	788	795											
44	826		681	730	763	786	803	815	824											
45	856		702	753	787	812	830	842	852	856										
46	885		724	776	812	837	858	870	880	886										
47	915		746	800	837	864	883	898	908	915										

H /cm	自由度 Q /(L/s)	1	2	3	4	5	6	7	8	9	10	11	12	13	14	15	16	17	18	19
							上下游水位差 $H-h_H$ /cm													
48	946		767	823	862	890	910	925	937	944										
49	976		789	847	887	916	937	953	965	974										
50	1007		811	871	912	942	965	982	994	1003	1007									
51	1037			895	938	969	993	1010	1024	1033	1039									
52	1071			920	964	996	1020	1039	1053	1063	1071									
53	1103			944	990	1023	1049	1068	1083	1094	1102									
54	1135			969	1016	1051	1077	1097	1112	1124	1133									
55	1168			994	1042	1078	1105	1126	1143	1155	1164	1168								
56	1201			1019	1069	1106	1134	1156	1173	1186	1195	1202								
57	1234			1044	1095	1133	1163	1185	1203	1217	1227	1234								
58	1268			1069	1122	1161	1191	1215	1234	1248	1259	1267								
59	1302			1095	1149	1190	1221	1245	1265	1280	1291	1300								
60	1336			1120	1176	1218	1250	1276	1296	1311	1324	1333								
61	1371			1146	1203	1246	1280	1306	1327	1343	1356	1366	1371							
62	1406			1172	1231	1275	1310	1337	1358	1375	1389	1399	1406							
63	1441			1198	1258	1304	1339	1361	1390	1408	1422	1433	1441							
64	1477			1224	1286	1333	1369	1398	1422	1440	1455	1466	1475							
65	1513			1250	1314	1362	1400	1430	1454	1473	1488	1500	1509							
66	1549			1277	1342	1391	1430	1461	1486	1506	1522	1534	1544	1550						

H /cm	自由度 Q /(L/s)	1	2	3	4	5	6	7	8	9	10	11	12	13	14	15	16	17	18	19
									上下游水位差 $H-h_H$ /cm											
67	1586			1304	1370	1421	1461	1492	1518	1539	1555	1568	1579	1586						
68	1623			1330	1399	1451	1491	1524	1550	1572	1589	1603	1614	1622						
69	1660			1357	1427	1480	1522	1556	1583	1605	1623	1638	1649	1658						
70	1697			1384	1456	1510	1553	1588	1616	1639	1657	1672	1684	1694						
71	1735				1485	1540	1584	1620	1649	1672	1692	1707	1720	1730	1735					
72	1773				1513	1571	1616	1652	1682	1706	1726	1743	1756	1766	1773					
73	1811				1543	1601	1647	1685	1715	1740	1761	1778	1792	1803	1811					
74	1850				1572	1631	1679	1717	1749	1775	1796	1814	1828	1839	1848					
75	1889				1601	1662	1711	1750	1782	1809	1831	1849	1864	1876	1886					
76	1928				1631	1693	1743	1783	1816	1844	1866	1885	1901	1913	1923					
77	1967				1660	1724	1775	1816	1850	1878	1902	1921	1937	1950	1961	1967				
78	2007				1690	1755	1807	1849	1884	1913	1937	1957	1974	1988	1999	2007				
79	2047				1720	1786	1839	1883	1918	1948	1973	1994	2011	2025	2037	2046				
80	2087				1750	1818	1872	1918	1953	1983	2009	2030	2048	2063	2075	2085				
81	2128				1780	1849	1905	1950	1987	2019	2045	2067	2086	2101	2113	2123				
82	2169				1810	1881	1937	1984	2022	2054	2081	2104	2123	2139	2152	2162				
83	2210				1841	1913	1970	2018	2057	2090	2118	2141	2161	2177	2191	2202	2210			
84	2251				1871	1945	2003	2052	2092	2126	2154	2178	2199	2216	2230	2241	2250			
85	2293				1902	1977	2037	2086	2127	2162	2191	2216	2237	2254	2289	2281	2290			

H/cm	自由度 Q/(L/s)	1	2	3	4	5	6	7	8	9	10	11	12	13	14	15	16	17	18	19
86	2335				1932	2009	2070	2120	2163	2198	2228	2253	2275	2293	2308	2321	2331			
87	2377				1963	2041	2104	2155	2198	2234	2264	2291	2313	2332	2347	2360	2371			
88	2420				1994	2074	2137	2190	2234	2271	2302	2329	2352	2371	2387	2401	2412			
89	2463				2026	2106	2171	2225	2269	2307	2339	2367	2390	2410	2427	2441	2452	2462		
90	2506				2057	2139	2205	2260	2305	2344	2377	2405	2429	2449	2467	2481	2493	2503		
91	2549					2172	2239	2295	2341	2381	2415	2443	2468	2489	2507	2522	2534	2545		
92	2592					2205	2273	2330	2377	2418	2452	2482	2507	2529	2547	2563	2576	2586		
93	2636					2238	2308	2365	2414	2455	2490	2520	2546	2569	2588	2604	2617	2628		
94	2680					2271	2342	2401	2450	2492	2528	2560	2586	2609	2628	2645	2659	2670	2680	
95	2725					2304	2377	2436	2487	2530	2567	2598	2625	2649	2669	2686	2700	2713	2722	
96	2769					2337	2411	2470	2524	2567	2605	2637	2665	2689	2710	2727	2742	2755	2765	
97	2814					2371	2446	2508	2560	2605	2643	2676	2705	2730	2751	2769	2784	2797	2808	
98	2859					2405	2481	2544	2597	2643	2682	2716	2745	2770	2792	2811	2827	2840	2851	
99	2904					2439	2516	2580	2635	2681	2721	2755	2785	2811	2833	2853	2869	2883	2895	2904
100	2950					2473	2551	2617	2672	2719	2760	2795	2825	2852	2875	2895	2912	2926	2938	2948

注：自由流：$Q=2.95H^{1.55}$；

潜流：$Q=\dfrac{1.57(H-h_H)^{1.55}}{\left(-\log\dfrac{h_H}{H}\right)^{1.34}}$；

$S_t \approx 0.8$。

表 9-24

无喉道量水槽流量表 (W=1.80m, l=3.60m)

上下游水位差 $H-h_H$/cm

H/cm	自由度 Q/(L/s)	1	2	3	4	5	6	7	8	9	10	11	12	13	14	15	16	17	18	19	20	21	22	23	24
10	100	101	108																							
11	125	115	124																							
12	143	130	141																							
13	162	145	159																							
14	181	161	177																							
15	202	177	195	202																						
16	223	194	214	222																						
17	245	211	234	243																						
18	268	228	254	265																						
19	291	246	274	287																						
20	315	264	294	309	315																					
21	340	282	315	332	339																					
22	365	301	337	355	364																					
23	392	320	359	378	388																					
24	418	339	381	402	414																					
25	446	358	403	426	439	446																				
26	473	378	426	451	465	473																				
27	502	398	449	475	491	500																				
28	531	418	472	501	518	528																				
29	561	439	495	526	545	556																				
30	591	460	519	552	572	584	591																			

H /cm	自由度 Q /(L/s)	\multicolumn{24}{c}{上下游水位差 $H-h_H$/cm}

H /cm	自由度 Q /(L/s)	1	2	3	4	5	6	7	8	9	10	11	12	13	14	15	16	17	18	19	20	21	22	23	24
31	622		544	578	600	613	621																		
32	653		568	605	628	642	651																		
33	685		593	631	656	672	682																		
34	718		618	659	685	702	713																		
35	751		643	686	713	732	744	751																	
36	784		668	713	743	762	775	783																	
37	818		694	741	772	793	807	816																	
38	853		720	769	802	824	839	849																	
39	888		746	798	832	855	872	883																	
40	923		773	827	862	887	904	916	923																
41	959		799	855	893	919	937	950	959																
42	996		826	885	924	951	971	985	994																
43	1033		853	914	955	984	1004	1019	1029																
44	1070		881	944	986	1017	1038	1054	1065																
45	1108		908	974	1018	1050	1073	1089	1101	1108															
46	1146		936	1004	1050	1083	1107	1125	1137	1146															
47	1185		964	1034	1082	1116	1142	1160	1174	1183															
48	1225		992	1065	1114	1150	1177	1197	1211	1221															
49	1264		1021	1096	1147	1184	1212	1233	1248	1259															
50	1305		1049	1127	1180	1219	1248	1269	1280	1297															

H/cm	自由度 Q/(L/s)	上下游水位差 $H-h_H$/cm																						
		1	2	3	4	5	6	7	8	9	10	11	12	13	14	15	16	17	18	19	20	21	22	23	24
51	1345			1158	1213	1253	1283	1306	1323	1336	1345														
52	1386			1189	1246	1288	1319	1343	1362	1375	1384														
53	1428			1221	1280	1323	1356	1381	1400	1414	1424														
54	1470			1253	1314	1358	1392	1418	1438	1453	1465														
55	1512			1285	1348	1394	1429	1456	1477	1493	1505	1512													
56	1555			1317	1382	1430	1466	1494	1516	1533	1546	1555													
57	1598			1350	1416	1466	1503	1533	1556	1573	1587	1596													
58	1642			1382	1451	1502	1541	1571	1595	1614	1628	1638													
59	1686			1415	1486	1538	1579	1610	1635	1655	1670	1681													
60	1731			1448	1521	1575	1617	1649	1675	1696	1711	1723	1731												
61	1776			1481	1550	1612	1655	1689	1710	1737	1753	1766	1775												
62	1821			1515	1591	1649	1693	1728	1751	1778	1796	1809	1819												
63	1867			1549	1627	1686	1732	1768	1797	1820	1838	1852	1863												
64	1913			1583	1663	1724	1771	1810	1848	1862	1881	1896	1907												
65	1959			1617	1699	1761	1810	1848	1879	1904	1924	1940	1952	1959											
66	2006			1651	1735	1799	1849	1889	1921	1947	1967	1984	1996	2006											
67	2053			1685	1771	1837	1889	1930	1963	1989	2011	2028	2041	2052											
68	2101			1720	1808	1876	1928	1970	2005	2032	2055	2073	2087	2097											
69	2149			1755	1845	1914	1968	2012	2047	2075	2100	2117	2132	2144											
70	2198			1790	1882	1953	2008	2053	2089	2118	2143	2162	2178	2190	2198										

上下游水位差 $H-h_H$/cm

H/cm	Q/(L/s)	1	2	3	4	5	6	7	8	9	10	11	12	13	14	15	16	17	18	19	20	21	22	23	24
71	2247				1919	1992	2049	2094	2132	2162	2187	2208	2224	2237	2246										
72	2296				1957	2031	2089	2136	2175	2206	2232	2253	2270	2284	2294										
73	2345				1994	2070	2130	2178	2218	2250	2277	2300	2317	2331	2342										
74	2395				2032	2109	2171	2220	2261	2295	2322	2346	2363	2376	2390										
75	2446				2070	2140	2212	2263	2304	2339	2368	2391	2410	2426	2438	2446									
76	2496				2108	2189	2253	2305	2348	2384	2413	2437	2457	2474	2487	2496									
77	2548				2147	2229	2295	2348	2392	2429	2459	2484	2505	2522	2536	2546									
78	2599				2185	2269	2336	2391	2436	2474	2505	2531	2552	2570	2584	2595									
79	2651				2224	2310	2378	2434	2480	2519	2551	2578	2600	2619	2633	2645									
80	2703				2262	2350	2420	2478	2525	2565	2598	2625	2648	2667	2683	2695	2703								
81	2756				2301	2391	2463	2521	2570	2610	2644	2673	2697	2716	2733	2746	2756								
82	2809				2341	2432	2505	2565	2615	2656	2691	2721	2745	2766	2783	2796	2807								
83	2862				2380	2473	2548	2610	2660	2702	2738	2768	2794	2815	2833	2847	2858								
84	2915				2419	2514	2590	2653	2705	2749	2785	2817	2842	2865	2883	2898	2910								
85	2969				2459	2556	2633	2697	2750	2795	2833	2865	2892	2915	2933	2949	2962	2969							
86	3024				2499	2597	2677	2742	2796	2842	2881	2913	2941	2965	2984	3000	3014	3024							
87	3078				2539	2639	2720	2786	2842	2889	2929	2962	2991	3015	3035	3052	3066	3077							
88	3133				2579	2681	2763	2831	2888	2936	2977	3011	3041	3065	3086	3104	3118	3130							
89	3189				2619	2723	2807	2876	2934	2983	3025	3060	3091	3116	3138	3156	3171	3183							
90	3244				2659	2766	2851	2922	2981	3031	3073	3110	3141	3167	3190	3208	3224	3237							

H /cm	自由度 Q /(L/s)	上下游水位差 $H-h_H$/cm																						
		1	2	3	4	5	6	7	8	9	10	11	12	13	14	15	16	17	18	19	20	21	22	23	24
91	3301					2808	2895	2967	3027	3078	3122	3159	3191	3218	3241	3261	3277	3290	3300						
92	3357					2851	2939	3013	3074	3126	3171	3210	3242	3270	3293	3314	3330	3344	3355						
93	3414					2893	2984	3058	3121	3174	3220	3259	3292	3321	3346	3366	3384	3398	3410						
94	3471					2936	3028	3104	3168	3223	3269	3309	3343	3373	3398	3420	3438	3453	3465						
95	3528					2979	3073	3150	3215	3271	3319	3359	3395	3425	3451	3473	3492	3507	3520						
96	3586					3023	3118	3197	3263	3320	3368	3410	3446	3477	3504	3526	3546	3562	3576	3586					
97	3644					3066	3163	3243	3311	3368	3418	3461	3497	3529	3557	3580	3600	3617	3631	3642					
98	3702					3110	3208	3290	3359	3417	3468	3512	3549	3582	3610	3634	3655	3672	3687	3699					
99	3761					3153	3253	3336	3407	3466	3518	3563	3601	3635	3663	3689	3710	3728	3743	3765					
100	3820					3197	3299	3383	3455	3516	3568	3614	3653	3688	3717	3743	3765	3783	3799	3812	(3823)				
101	3879					3241	3345	3431	3503	3565	3619	3665	3706	3741	3771	3797	3820	3839	3856	3869	3880				
102	3939					3286	3390	3478	3552	3615	3670	3717	3758	3794	3825	3852	3875	3895	3912	3926	3938				
103	3999					3330	3436	3525	3600	3665	3721	3769	3811	3848	3879	3907	3931	3952	3969	3984	3998	(4005)			
104	4059					3374	3483	3573	3649	3715	3772	3821	3864	3901	3934	3962	3987	4008	4026	4041	4054	(4064)			
105	4120					3419	3529	3621	3698	3765	3823	3873	3917	3955	3988	4018	4043	4065	4083	4099	4112	(4123)			
106	4181					3464	3575	3668	3748	3815	3874	3925	3970	4009	4043	4073	4099	4121	4141	4157	4171	4182			
107	4242					3509	3622	3717	3797	3866	3926	3978	4024	4063	4098	4129	4155	4179	4198	4215	4230	4241			
108	4304					3554	3669	3765	3846	3917	3978	4031	4077	4118	4154	4185	4212	4236	4256	4274	4288	4301			

H /cm	自由流度 Q /(L/s)	上下游水位差 H−h_H/cm																						
		1	2	3	4	5	6	7	8	9	10	11	12	13	14	15	16	17	18	19	20	21	22	23	24
109	4366					3599	3716	3813	3896	3968	4029	4084	4131	4172	4209	4241	4269	4293	4314	4332	4348	4360	(4370)		
110	4428					3644	3763	3862	3946	4019	4082	4137	4185	4227	4264	4297	4326	4351	4372	4391	4407	4420	(4431)		
111	4491						3810	3910	3996	4070	4134	4190	4239	4282	4320	4354	4383	4409	4431	4450	4467	4480	4492		
112	4554						3857	3959	4046	4121	4186	4243	4293	4337	4376	4410	4440	4467	4489	4509	4526	4541	4553		
113	4617						3905	4008	4096	4173	4239	4297	4348	4393	4432	4467	4498	4525	4548	4569	4586	4601	4614		
114	4680						3953	4057	4146	4224	4292	4351	4402	4448	4488	4524	4556	4583	4607	4628	4646	4662	4675	(4685)	
115	4744						4000	4107	4198	4276	4344	4404	4457	4504	4545	4581	4613	4642	4666	4688	4707	4723	4736	(4747)	
116	4808						4048	4156	4248	4328	4398	4458	4512	4560	4602	4639	4671	4700	4726	4748	4767	4784	4798	4809	
117	4873						4096	4206	4299	4380	4451	4513	4567	4616	4658	4696	4730	4759	4785	4808	4828	4845	4859	4872	
118	4937						4145	4256	4350	4433	4504	4567	4623	4672	4715	4754	4788	4818	4845	4868	4889	4906	4921	4934	
119	5002						4193	4305	4402	4485	4558	4622	4678	4728	4773	4812	4847	4877	4905	4929	4950	4968	4984	4997	(5008)
120	5068						4242	4356	4453	4538	4611	4676	4734	4785	4830	4870	4906	4937	4965	4990	5011	5030	5046	5060	(5071)

注：自由流：$Q = 3.82H^{1.55}$；

潜流：$Q = \dfrac{2.03(H-h_H)^{1.55}}{\left(-\log\dfrac{h_H}{H}\right)^{1.34}}$；

$S_s \approx 0.80$。

（2）根据渠道壅水和水槽上下游水位衔接要求，确定适宜槽底高程，并尽可能使水流为自由出流。

5. 算例

（1）永济量水示范区渠道安设一无喉道量水槽，喉道宽 0.4m，槽长 1.35m，已知过渡潜没度 $S_t=0.7$，上游水深 $h_n=40cm$，下游水深 $h_b=26cm$，求过槽流量。

解：流态判别：$S=h_b/H_n=26/40=0.65<0.7$，水槽流态为自由流。

由表 9-5 查得 $H_n=40cm$，$C_1=1.042$，$n_1=1.71$，

则 $Q=C_1H^n=1.042\times0.4^{1.71}=0.217m^3/s$。

（2）某量水槽尺寸同例 1，上游水深 $H_n=40cm$，下游水尺 $h_b=32cm$，求过槽流量。

解：流态判别：$S=h_H/H=32/40=0.8>0.7$，水槽流态为潜流。

$$H_n-h_b=40-32=8cm$$

在表 9-5 查得 $H_n=40cm$，$H_n-h_b=8cm$，查得 $n_1=1.71$，$C_2=0.598$，$n_2=1.4$，

则 $Q=C_2(H_n-h_b)^{n_1}/(1-\log S)^{n_2}=0.598\times(0.4-0.32)^{1.71}/(1-\log 0.8)^{1.4}=0.209m^3/s$。

七、抛物线形量水槽

抛物线形喉口量水槽具有与 U 形渠道衔接较好，水流比较平稳，结构简单，壅水高度较小，过泥沙漂及浮物能力强，量水精度高等特点。适用于具有下列条件的 U 形渠道量水。

（1）底弧直径 $D=0.3\sim2.0m$；

（2）渠道衬砌深度 $H=0.4\sim1.5m$；

（3）直线段外倾角 $0°\leqslant\alpha\leqslant15°$；

（4）渠底比降 $i=1/300\sim1/1500$；

（5）应在自由流条件下使用，临界淹没度不宜大于 0.88，佛劳德数 $F_1\leqslant0.5$。

146

1. 量水槽结构形式及尺寸

（1）抛物线形量水槽由进口收缩渐变段、抛物线形喉口段、出口扩散渐变段和水尺组成。喉口上游（4～5）H 渠段内的渠底高程应与抛物线形喉口底部高程齐平，见图 9-10、图 9-11。

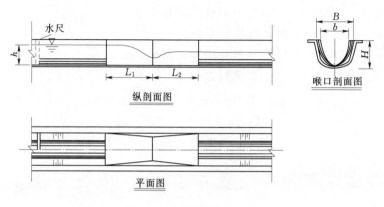

图 9-10　抛物线形量水槽

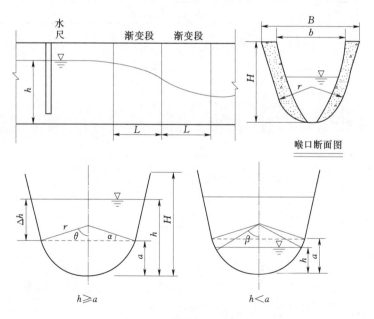

图 9-11　抛物线形量水槽剖面图

147

（2）抛物线形喉口断面方程

$$y = px^2 \tag{9-20}$$

$$P = 16H^3/(9\varepsilon^2 A^2) \tag{9-21}$$

式中　y、x——以槽底为原点的纵横坐标，m；

　　　P——抛物线形状系数，m^{-1}；

　　　A——U 形渠道衬砌断面面积，m^2；

　　　H——U 形渠道衬砌深度，m；

　　　ε——量水槽喉口断面收缩比，$\varepsilon = A_p/A$，其值查表 9-25；

　　　A_p——抛物线喉口断面面积，m^2，其值可根据式（9-22）确定。

$$A_p = 4H^{1.5}/(3p)^{0.5} \tag{9-22}$$

表 9-25　　　　U 形渠道参数与量水槽收缩比 ε 关系表

渠道断面参数		渠道比降									
R /10^{-2}m	H /10^{-2}m	1/200~ 1/300	1/400	1/500	1/600	1/700	1/800	1/900	1/1000	1/1200	1/1500
10	30	0.65	0.6	0.5							
15	40	0.65	0.65	0.55	0.5	0.45					
20	50	0.65	0.65	0.55	0.5	0.45	0.45				
25	55	0.65	0.65	0.6	0.55	0.5	0.45				
30	60	0.65	0.65	0.65	0.6	0.55	0.5	0.45	0.45		
35	60	0.65	0.65	0.65	0.6	0.55	0.5	0.45	0.45		
40	70	0.65	0.65	0.65	0.65	0.6	0.55	0.5	0.5	0.45	

（3）渐变段长度及水尺位置。

1）进口收缩渐变段和出口扩散渐变段的收缩、扩散比为 1:3，进、出口渐变段的长度相同。

$$L_1 = L_2 \geqslant 3(B-b) \tag{9-23}$$

$$b=2(H/p)^{0.5} \qquad (9-24)$$

式中　B——U 形衬砌渠道渠口宽，m；

　　　b——抛物线形喉口宽，m，当用式（9-24）计算得出的渐变段长度小于 0.3m 时，取 0.3m。

2）水尺位于进口渐变段的距离为 $2H$，水尺可直接绘在 U 形渠道的内壁上。水尺零点应高出喉口底部水平面 0.005m。

2. 流量计算公式

抛物线形量水槽为自由流时，流量计算公式为

$$Q=C_d H_0^2/\sqrt{p} \qquad (9-25)$$

上式表明，抛物线量水槽的流量与上游总水头的平方成正比，与量水槽的几何参数 p 紧密相关。实践中仅可实测槽前水深 h，故以 h 代替 H_0，加入行近流速修正系数 C_v，可得 $Q-h$ 关系为：

$$Q=C_d C_v h^2/\sqrt{p} \qquad (9-26)$$

式中　C_v——流速系数，用式（9-27）表示。

$$C_r=\left(1+\frac{a_0 C_d^2 C_v^2 h^3}{2gpA^2}\right)^2 \qquad (9-27)$$

式中　a_0——行近渠道流速分布不均匀系数，对顺直渠道，$a_0\approx1.08$；

　　　A——U 形渠道中水深为 h（m）时的过水断面面积（m²）。

已知行近渠道水深 h 及抛物线形状系数 p、流量系数 C_d 时，即可由式（9-26）和式（9-27）求得过槽流量 Q。

C_d 为流量系数，由试验研究得出，用式（9-28）表示

$$C_d=1.96p^{0.011}\varepsilon^{0.13} \qquad (9-28)$$

自由流的流量也可用式（9-29）直接计算，无须计算过程。

$$Q = \frac{C_1 A^2}{h} \left[1 - \sqrt{1 - \frac{C_2 h^3}{A^2}} \right] \qquad (9-29)$$

式中　C_1——第一系数；

$\quad\quad C_2$——第二系数；

$\quad\quad A$——水尺处与水深 h 相应的过水断面面积，m^2；

$\quad\quad h$——水尺处水深，m。

$$C_1 = \frac{g p^{0.5}}{2 a_0 C_d} \qquad (9-30)$$

$$C_2 = \frac{4 a_0 C_d^2}{g p} \qquad (9-31)$$

3. 抛物线形量水槽的设计

抛物线形量水槽有三种设计方法，这里只介绍通用设计方法。该方法适用于具有非标准 U 形断面及标准 U 形断面的渠道。

（1）收集设计需要的资料。U 形渠道参数、底弧直径 D、渠道衬砌高度 H、直线段外倾角 α 或圆心角 θ、渠底比降 i、糙率 n、正常流量 Q、正常水深 h_0 等。

（2）选择适宜的断面收缩比 ε。根据 U 形渠道底弧半径 R、渠道衬砌深度 H、渠道比降 i、糙率 n，选取适宜的断面收缩比 ε。糙率 $n \leqslant 0.013$ 时表 9-21 中 ε 值应加大 0.05；$n \leqslant 0.017$ 时，ε 值应减少 0.05；如量水槽下游附近有跌水或陡坡等水位实降时取 $\varepsilon = 0.6 \sim 0.65$。

（3）计算抛物线形状系数 p 及量水槽前水深 h。h 需用迭代法计算。

（4）校核临界淹没度 S。如果计算出的 S 值（$S = h_0/h$）接近临界淹没度，则所选 ε 值认可。否则需重选 ε 值，重新计算 p 值及上游水深 h 并校核临界淹没度 S，直至淹没度 S 满足要求为止。

（5）计算抛物线形喉口断面的坐标尺寸、渐变段长度、水尺安装位置等。

4. 算例

隆胜一斗渠 U 形渠道断面尺寸及抛物线量水槽参数为：底弧半径 $r=0.1$m，渠深 $H=0.3$m，外倾角 $\alpha=9.5°$，喉口收缩比 $\varepsilon=0.5$，测得量水槽上游水尺 $h=0.24$m，求流量。

解：底圆弧心角之半为 $80.5°$，底弧弓形高 0.835m，有 $h\geqslant a$，U 形渠道全部断面面积 A_0 为

$$A_0=\frac{r^2}{2}\left(\pi\frac{\theta}{90°}-\sin2\theta\right)+H(2r\sin\theta+H\mathrm{ctg}\theta)$$

$$=\frac{0.1^2}{2}\left[3.14\times\frac{80.5°}{90°}-\sin(2\times80.5)°\right]+(0.3-0.0835)$$

$$\times[2\times0.1\times\sin80.5°+(0.3-0.0835)\times\mathrm{ctg}80.5°]$$

$$=0.0629(\mathrm{m}^2)$$

U 形渠道过水断面面积 A 为

$$A=\frac{r^2}{2}\left(\pi\frac{\theta}{90°}-\sin2\theta\right)+\Delta h(2r\sin\theta+\Delta h\mathrm{ctg}\theta)$$

$$=\frac{r^2}{2}\left(\pi\frac{\theta}{90°}-\sin2\theta\right)+(h-a)\times[2r\sin\theta+(h-a)\mathrm{ctg}\theta]$$

$$=\frac{0.1^2}{2}\left[3.14\times\frac{80.5°}{90°}-\sin(2\times80.5)°\right]+(0.24-0.0835)$$

$$\times[2\times0.1\times\sin80.5°)+(0.24-0.0835)\times\mathrm{ctg}80.5°]$$

$$=0.0475(\mathrm{m}^2)$$

量水槽喉口抛物线形状系数 p 为：

$$p=\frac{1.6H^3}{9\varepsilon^2A_0^2}=\frac{1.6\times0.3^3}{9\times0.5^2\times0.0629^2}=48.53(\mathrm{m}^{-1})$$

取堰前动能修正系数 $a_0=1$，计算 $C_1=15.232$，$C_2=0.816$，测得流量为：

$$Q = \frac{C_1 A^2}{h}\left[1 - \sqrt{\frac{1 - C_2 h^3}{A^2}}\right]$$

$$= \frac{15.232 \times 0.0475}{0.24}\left[1 - \sqrt{\frac{1 - 0.816 \times 0.24^3}{0.0475^2}}\right)$$

$$= 0.02(\text{m}^3/\text{s})$$

八、直壁式量水槽

直壁式量水槽是适合于U形渠道量水的一种长喉道量水设备。它除具有使水流不受下游水流条件影响的单一水位流量关系和量水范围大以外，量水槽底部为原渠底，量水槽处的底坡仍为原渠道坡降，简化了量水设施结构，施工方便，上、下游过渡段与U形渠道自然衔接，水流条件好，收缩段水面线曲率小。

1. 设计和安装要点

(1) 在安设直壁式量水槽时，应严格按照量水槽的结构尺寸施做，保持槽壁的垂直度和曲线的准确度，水尺零点与渠道底中心齐平。

(2) 直壁式量水槽所在的渠道应顺直，断面规则，渠道比降一致，长度一般不小于渠口宽度的15倍，如果有一段更长的均匀行进渠槽更好。

(3) 喉道收缩比和渠道比降范围，弓形底量水槽收缩比 λ 的范围为 $0.5 \sim 0.65$，喉道宽度不应小于 10cm，渠道比降 $i = 1/200 \sim 1/1000$。

(4) 渠道量水水深度要求：弓形底量水槽 $H > R(1 - \sqrt{1 - \lambda^2})$ 或 $H \geqslant 0.06$m，取其中较大值。

(5) 渠道底弧直径 $D = 0.3 \sim 0.8$m，渠道与量水槽直线段外倾角应在 $0° \leqslant \alpha \leqslant 15°$。

(6) 潜没流的计算公式仅适应于 $i = 1/1000$ 的渠道比降。

(7) 直壁式量水槽应在佛汝德数 $Fr \leqslant 0.5$ 的缓流条件下应

用。为保证测流精度，最好在自由流条件下工作，如高程允许，可使直壁式量水槽出口下游渠底低于槽底某一数值。

（8）在设计直壁式量水槽时，应用设计流量情况下的正常水深作为下游水深，用临界淹没度进行校核，临界淹没度（正常水深 h_0 与上游总水头比值）不宜大于 0.83，以免出现淹没流。

2. 结构形式及尺寸

（1）直壁式量水槽属于长喉道临界水深槽，进口与出口由椭圆形曲线与 U 形渠道衔接，量水槽底部不需要改变原渠道比降。其结构形式见图 9-12。

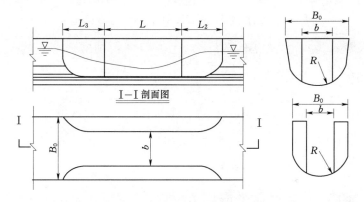

图 9-12　直壁式量水槽结构图

（2）水尺位置在量水槽进口上游 $1.5B_0$ 处，水尺零点为该断面渠底中心高程。

（3）量水参数。

1）喉口收缩比：$\varepsilon = b/D = 0.5 - 0.65$

2）喉道长度：$L = 1.25B_0$

3）进出口过渡段长：$L_1 = L_2 = 0.75B_0$

4）过渡段椭圆曲线方程：

$$\frac{x^2}{(0.7B_a)^2} + \frac{y^2}{[(B_0-b)/2]^2} = 1 \qquad (9-32)$$

式中　y——垂直于水流方向的坐标，m；

　　　x——顺水流方向的坐标，m；

　　　B_0——渠深与直径之比 0.82 时渠深断面宽度，m；

　　　b——量水槽喉口宽度，m，其值不小于 0.1m。

3. 量水槽流量公式（适用于弓形底）

量水槽应保证自由流。在设计阶段应根据渠道设计最大流量、最小及中间流量分别校核临界淹没度。

非淹没界限为：

$$h_2/H_0 \leqslant 0.83 \qquad (9-33)$$

式中　h_1/H_0——量水槽下游水深，m，可用渠道正常水深代替；

　　　H_0——量水槽上游水尺处总水头，m。

$$Q=0.261D^2\sqrt{2gb}(0.516h_1/R+0.0187)^{1.5476} \quad (9-34)$$

式中　Q——流量，m^3/s；

　　　g——重力加速度，m/s^2；

　　　R——U 形渠底弧半径，m；

　　　D——U 形渠底弧直径，m；

　　　h_1——量水槽上游水尺读数，m。

九、文丘利量水槽

文丘利量水槽适宜在缓坡降、多泥沙、水位变幅大的平原灌区的土渠、衬砌渠道、U 形渠道上安设使用。具有下列特点：

（1）建筑物结构简单，不易淤积，同时测量上游水深 H_1 与喉口水深 H_2，即可测算流量，不必区分流态，适用性强，操作简单，测流范围在 $0.3\sim5m^3/s$，量水误差在 $\pm5\%$ 之内。

（2）在超高淹没度（$H_3/H_1<0.99$）条件下，仍可准确测流，可使水头损失控制在 $\leqslant5cm$ 之内。

（3）文丘利量水槽配磁卡式自动测流仪可定时采集计算瞬时流量、累计水量；还可与电动启闭机相连，即在磁卡中预先设定水量、水费金额或供水时间，当达到预定水量、水费或供水时间

154

时，闸门自动关闭，实现定时定量供水，为实现灌区自动化控制奠定基础。经河套灌区沙壕渠试验站多年比较研究，认为文丘利量水槽是比较适合平原灌区的一种量水建筑物，目前已在河套灌区推广应用1400余套。

1. 文丘利量水槽结构形式

文丘利水槽采用钢筋混凝土浇筑而成，建在渠道水流平稳处。进口为圆弧曲线，圆弧半径为R，喉道横断面为矩形，长和宽均为b，尾部为八字形，尾部长2b，尾部开口也为2b。槽底分为有坎和无坎两种。其结构形式见图9-13。

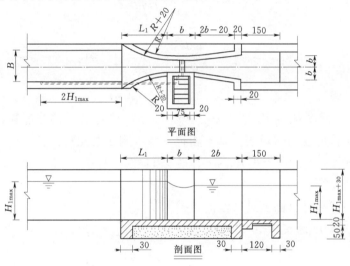

图9-13　文丘利量水槽

2. 设计方法及计算公式

要求提供原渠道断面尺寸，例如矩形渠道的渠宽 B 及渠深 H_0，梯形渠道的底宽 B_0、边坡系数 m 及渠深 H_0、最大流量 Q_{max} 及相应水深 H_3、要求的最大水头损失 ΔZ 等。知道这些参数后，即可求喉口宽 b 及圆弧半径 R，并得出流量公式。

（1）设计喉口宽 b。

$$\delta = \frac{\Delta Z}{H_3 + \Delta Z} \qquad (9-35)$$

155

$$H_2 = H_3 + \Delta Z \times \eta \qquad (9-36)$$

$$H_1 = H_3 + \Delta Z \qquad (9-37)$$

即 δ、H_2、H_1 已知，可联立方程得：

$$Q_{max} = 7.3 \times b \times (1 - \delta\eta) \times [H_3 - (\eta - 1) \times \Delta Z] \times \sqrt{\Delta Z}$$

$$(9-38)$$

$$\eta = \frac{2.72}{\mu^2 + 5.44\delta}(1 + \eta^2\delta^2) \qquad (9-39)$$

$$\mu = \left[1 + \frac{0.96}{1 - \eta\delta} - \left(\frac{b}{B}\right)^2 (1 - \eta\delta)^2\right]^{\frac{1}{2}} \qquad (9-40)$$

假设 $\mu = 1$ 代入式（9-39），试算得 η，将 η 代入式（9-38）得 b，再以 b、η 代入式（9-40）得 μ，重复以上试算过程，直到计算出 μ 与假设的 μ 基本相符（精确到小数点后三位）即可停止试算。将最终计算出的 b 作为喉口宽，并用式（9-38）进行流量验算。

（2）计算圆弧进口段的半径 R。

当 $H_{1max} \leqslant 0.59(B-b)$ 时，取

$$R = 0.6(B-b) \qquad (9-41)$$

当 $H_{1max} > 0.59(B-b)$ 时，取

$$R = \frac{H_{1max}^2}{B-b} + \frac{1}{4}(B-b) \qquad (9-42)$$

文丘利量水槽定型设计参数详见表 9-26。流量计算公式可采用表 9-26 中的简化计算公式计算，其中最大流量在 $0.5m^3/s$ 以下的 U 形渠道和梯型渠道，可通过表 9-27、表9-28快速查出流量。

表 9-26 文丘利量水槽定型设计表

序号	流量范围/(m³/s)	开口宽/m	渠底宽/m	渠深/m	最大水深/m	喉口 b/m	圆弧半径 R/m	计算公式
1	$0<Q_{max}\leqslant0.5$ U形渠道	1.1	0.6	0.9	0.7	0.55	1.14	$Q=2.6483h_2\times(h_1-h_2)^{0.5}$
2	$0<Q_{max}\leqslant0.5$ 梯形渠道	2.65	0.75	1.0	0.6	0.70	0.78	$Q=3.3540h_2\times(h_1-h_2)^{0.5}$
3	$0.5<Q_{max}\leqslant1.0$	3.25	1.0	1.2	0.9	0.82	1.11	$Q=3.8007h_2\times(h_1-h_2)^{0.5}$
4	$1.0<Q_{max}\leqslant1.5$	4.0	1.2	1.4	1.05	1.00	1.25	$Q=4.6596h_2\times(h_1-h_2)^{0.5}$
5	$1.5<Q_{max}\leqslant2.0$	4.6	1.4	1.6	1.25	1.20	1.49	$Q=5.6314h_2\times(h_1-h_2)^{0.5}$

表 9-27 文丘利量水槽流量速查表 A

（规格：$b=0.7$m，设计流量 $0.0\sim0.50$m³/s；适用于梯形渠道）

H_2 ＼ H_1	0.15	0.16	0.17	0.18	0.19	0.20	0.21	0.22	0.23	0.24	0.25
0.15	0.000	0.050	0.071	0.087	0.101	0.112	0.123	0.133	0.142	0.151	0.159
0.16		0.000	0.054	0.076	0.093	0.107	0.120	0.131	0.142	0.152	0.161
0.17			0.000	0.057	0.081	0.099	0.114	0.127	0.140	0.151	0.161
0.18				0.000	0.060	0.085	0.105	0.121	0.135	0.148	0.160
0.19					0.000	0.064	0.090	0.110	0.127	0.142	0.156
0.20						0.000	0.067	0.095	0.116	0.134	0.150
0.21							0.000	0.070	0.100	0.122	0.141
0.22								0.000	0.074	0.104	0.128
0.23									0.000	0.077	0.109
0.24										0.000	0.080
0.25											0.000
0.26											
0.27											
0.28	0.420										

H_2 \ H_1	0.15	0.16	0.17	0.18	0.19	0.20	0.21	0.22	0.23	0.24	0.25
0.29	0.424	0.435									
0.30	0.427	0.439	0.450								
0.31	0.429	0.441	0.453	0.465							
0.32	0.429	0.443	0.455	0.468	0.480						
0.33	0.429	0.443	0.456	0.470	0.482	0.495					
0.34	0.427	0.442	0.456	0.470	0.484	0.497	0.510				
0.35	0.423	0.439	0.455	0.470	0.484	0.498	0.512	0.525			
0.36	0.418	0.435	0.452	0.468	0.483	0.498	0.512	0.526	0.540		
0.37	0.412	0.430	0.447	0.464	0.481	0.496	0.512	0.527	0.541	0.555	
0.38	0.403	0.423	0.442	0.460	0.477	0.494	0.510	0.525	0.541	0.556	0.570
0.39	0.392	0.414	0.434	0.453	0.472	0.489	0.507	0.523	0.539	0.555	0.570
0.40	0.379	0.402	0.424	0.445	0.465	0.484	0.502	0.520	0.537	0.553	0.569
0.41	0.364	0.389	0.413	0.435	0.456	0.476	0.496	0.515	0.533	0.550	0.567
0.42	0.345	0.373	0.398	0.423	0.445	0.467	0.488	0.508	0.527	0.546	0.563
0.43	0.322	0.353	0.382	0.408	0.433	0.456	0.478	0.500	0.520	0.540	0.559
0.44	0.295	0.330	0.361	0.390	0.417	0.443	0.467	0.489	0.511	0.532	0.552
0.45	0.261	0.302	0.337	0.370	0.399	0.427	0.453	0.477	0.501	0.523	0.544
0.46	0.218	0.267	0.309	0.345	0.378	0.408	0.436	0.463	0.488	0.512	0.534
0.47	0.158	0.223	0.273	0.315	0.352	0.386	0.417	0.446	0.473	0.498	0.523

H_2 \ H_1	0.26	0.27	0.28	0.29	0.30	0.31	0.32	0.33	0.34	0.35	0.36
0.15	0.167	0.174	0.181	0.188	0.195	0.201	0.207	0.213	0.219	0.225	
0.16	0.170	0.178	0.186	0.193	0.201	0.208	0.215	0.221	0.228	0.234	0.240
0.17	0.171	0.180	0.189	0.198	0.206	0.213	0.221	0.228	0.235	0.242	0.249
0.18	0.171	0.181	0.191	0.200	0.209	0.218	0.226	0.234	0.241	0.249	0.256
0.19	0.169	0.180	0.191	0.202	0.211	0.221	0.230	0.238	0.247	0.255	0.263

H_2 \ H_1	0.26	0.27	0.28	0.29	0.30	0.31	0.32	0.33	0.34	0.35	0.36
0.20	0.164	0.177	0.190	0.201	0.212	0.222	0.232	0.242	0.251	0.260	0.268
0.21	0.157	0.173	0.186	0.199	0.211	0.223	0.234	0.244	0.254	0.264	0.273
0.22	0.148	0.165	0.181	0.195	0.209	0.221	0.233	0.245	0.256	0.266	0.276
0.23	0.134	0.154	0.172	0.189	0.204	0.218	0.231	0.244	0.256	0.267	0.278
0.24	0.114	0.139	0.161	0.180	0.197	0.213	0.228	0.241	0.255	0.267	0.279
0.25	0.084	0.119	0.145	0.168	0.187	0.205	0.222	0.237	0.252	0.265	0.278
0.26	0.000	0.087	0.123	0.151	0.174	0.195	0.214	0.231	0.247	0.262	0.276
0.27		0.000	0.091	0.128	0.157	0.181	0.202	0.222	0.240	0.256	0.272
0.28			0.000	0.094	0.133	0.163	0.188	0.210	0.230	0.248	0.266
0.29				0.000	0.097	0.138	0.168	0.195	0.217	0.238	0.257
0.30					0.000	0.101	0.142	0.174	0.201	0.225	0.246
0.31						0.000	0.104	0.147	0.180	0.208	0.232
0.32							0.000	0.107	0.152	0.186	0.215
0.33								0.000	0.111	0.157	0.192
0.34									0.000	0.114	0.161
0.35										0.000	0.117
0.36											0.000
0.37											
0.38											
0.39	0.585										
0.40	0.585	0.600									
0.41	0.583	0.599	0.615								
0.42	0.581	0.598	0.614	0.630							
0.43	0.577	0.595	0.612	0.629	0.645						
0.44	0.572	0.590	0.608	0.626	0.643	0.660					
0.45	0.565	0.585	0.604	0.622	0.640	0.658	0.675				
0.46	0.556	0.577	0.598	0.617	0.636	0.655	0.673	0.690			
0.47	0.546	0.568	0.590	0.611	0.631	0.650	0.669	0.687	0.705		

H_2 \ H_1	0.37	0.38	0.39	0.40	0.41	0.42	0.43	0.44	0.45	0.46	0.47
0.15											
0.16											
0.17	0.255										
0.18	0.263	0.270									
0.19	0.270	0.278	0.285								
0.20	0.277	0.285	0.292	0.300							
0.21	0.282	0.290	0.299	0.307	0.315						
0.22	0.286	0.295	0.304	0.313	0.322	0.330					
0.23	0.289	0.299	0.309	0.318	0.327	0.336	0.345				
0.24	0.290	0.301	0.312	0.322	0.332	0.342	0.351	0.360			
0.25	0.290	0.302	0.314	0.325	0.335	0.346	0.356	0.365	0.375		
0.26	0.289	0.302	0.314	0.326	0.338	0.349	0.360	0.370	0.380	0.390	
0.27	0.286	0.300	0.314	0.327	0.339	0.351	0.362	0.373	0.384	0.395	0.405
0.28	0.282	0.297	0.311	0.325	0.339	0.351	0.364	0.376	0.387	0.398	0.409
0.29	0.275	0.292	0.308	0.323	0.337	0.351	0.364	0.377	0.389	0.401	0.413
0.30	0.266	0.285	0.302	0.318	0.334	0.349	0.363	0.376	0.390	0.402	0.415
0.31	0.255	0.275	0.294	0.312	0.329	0.345	0.360	0.375	0.389	0.403	0.416
0.32	0.240	0.263	0.284	0.304	0.322	0.339	0.356	0.372	0.387	0.402	0.416
0.33	0.221	0.247	0.271	0.293	0.313	0.332	0.350	0.367	0.383	0.399	0.414
0.34	0.198	0.228	0.255	0.279	0.302	0.323	0.342	0.361	0.378	0.395	0.411
0.35	0.166	0.203	0.235	0.262	0.288	0.311	0.332	0.352	0.371	0.389	0.407
0.36	0.121	0.171	0.209	0.241	0.270	0.296	0.319	0.342	0.362	0.382	0.400
0.37	0.000	0.124	0.176	0.215	0.248	0.277	0.304	0.328	0.351	0.372	0.392
0.38		0.000	0.127	0.180	0.221	0.255	0.285	0.312	0.337	0.360	0.382
0.39			0.000	0.131	0.185	0.227	0.262	0.292	0.320	0.346	0.370
0.40				0.000	0.134	0.190	0.232	0.268	0.300	0.329	0.355
0.41					0.000	0.138	0.194	0.238	0.275	0.307	0.337

H_2＼H_1	0.37	0.38	0.39	0.40	0.41	0.42	0.43	0.44	0.45	0.46	0.47
0.42						0.000	0.141	0.199	0.244	0.282	0.315
0.43							0.000	0.144	0.204	0.250	0.288
0.44								0.000	0.148	0.209	0.256
0.45									0.000	0.151	0.213
0.46										0.000	0.154
0.47											0.000

H_2＼H_1	0.15	0.16	0.17	0.18	0.19	0.20	0.21	0.22	0.23	0.24	0.25
0.48	0.000	0.161	0.228	0.279	0.322	0.360	0.394	0.426	0.455	0.483	0.509
0.49		0.000	0.164	0.232	0.285	0.329	0.367	0.403	0.435	0.465	0.493
0.50			0.000	0.168	0.237	0.290	0.335	0.375	0.411	0.444	0.474
0.51				0.000	0.171	0.242	0.296	0.342	0.382	0.419	0.453
0.52					0.000	0.174	0.247	0.302	0.349	0.390	0.427
0.53						0.000	0.178	0.251	0.308	0.356	0.397
0.54							0.000	0.181	0.256	0.314	0.362
0.55								0.000	0.184	0.261	0.320
0.56									0.000	0.188	0.266
0.57										0.000	0.191
0.58											0.000
0.59											
0.60											
0.61											
0.62											
0.63											
0.64											
0.65											
0.66											

H_2 \ H_1	0.15	0.16	0.17	0.18	0.19	0.20	0.21	0.22	0.23	0.24	0.25
0.67											
0.68											
0.69											
0.70											
0.71											
0.72											
0.73											
0.74											
0.75											
0.76											
0.77											
0.78											
0.79											
0.80											

H_2 \ H_1	0.26	0.27	0.28	0.29	0.30	0.31	0.32	0.33	0.34	0.35	0.36
0.48	0.534	0.558	0.580	0.602	0.624	0.644	0.664	0.683	0.702	0.720	
0.49	0.520	0.545	0.569	0.593	0.615	0.637	0.657	0.678	0.697	0.716	0.735
0.50	0.503	0.530	0.556	0.581	0.605	0.627	0.649	0.671	0.691	0.711	0.731
0.51	0.484	0.513	0.541	0.567	0.593	0.617	0.640	0.662	0.684	0.705	0.726
0.52	0.461	0.493	0.523	0.552	0.578	0.604	0.629	0.653	0.675	0.698	0.719
0.53	0.435	0.470	0.503	0.533	0.562	0.590	0.616	0.641	0.665	0.688	0.711
0.54	0.405	0.444	0.479	0.512	0.543	0.573	0.601	0.627	0.653	0.678	0.701
0.55	0.369	0.412	0.452	0.488	0.522	0.553	0.583	0.612	0.639	0.665	0.690
0.56	0.325	0.376	0.420	0.460	0.497	0.531	0.563	0.594	0.623	0.651	0.677

H_2 \ H_1	0.26	0.27	0.28	0.29	0.30	0.31	0.32	0.33	0.34	0.35	0.36
0.57	0.270	0.331	0.382	0.427	0.468	0.506	0.541	0.574	0.605	0.634	0.662
0.58	0.195	0.275	0.337	0.389	0.435	0.477	0.515	0.550	0.584	0.615	0.645
0.59	0.000	0.198	0.280	0.343	0.396	0.442	0.485	0.524	0.560	0.594	0.626
0.60		0.000	0.201	0.285	0.349	0.402	0.450	0.493	0.532	0.569	0.604
0.61			0.000	0.205	0.289	0.354	0.409	0.457	0.501	0.541	0.579
0.62				0.000	0.208	0.294	0.360	0.416	0.465	0.509	0.550
0.63					0.000	0.211	0.299	0.366	0.423	0.472	0.518
0.64						0.000	0.215	0.304	0.372	0.429	0.480
0.65							0.000	0.218	0.308	0.378	0.436
0.66								0.000	0.221	0.313	0.383
0.67									0.000	0.225	0.318
0.68										0.000	0.228
0.69											0.000
0.70											
0.71											
0.72											
0.73											
0.74											
0.75											
0.76											
0.77											
0.78											
0.79											
0.80											

H_2 \ H_1	0.37	0.38	0.39	0.40	0.41	0.42	0.43	0.44	0.45	0.46	0.47
0.48											
0.49											
0.50	0.750										
0.51	0.746	0.765									
0.52	0.740	0.760	0.780								
0.53	0.733	0.754	0.775	0.795							
0.54	0.724	0.747	0.768	0.789	0.810						
0.55	0.714	0.738	0.761	0.783	0.804	0.825					
0.56	0.703	0.727	0.751	0.774	0.797	0.819	0.840				
0.57	0.689	0.715	0.740	0.765	0.788	0.811	0.833	0.855			
0.58	0.674	0.701	0.728	0.753	0.778	0.802	0.825	0.848	0.870		
0.59	0.656	0.685	0.713	0.740	0.766	0.792	0.816	0.840	0.863	0.885	
0.60	0.636	0.667	0.697	0.726	0.753	0.779	0.805	0.830	0.854	0.877	0.900
0.61	0.614	0.647	0.679	0.709	0.738	0.766	0.792	0.818	0.844	0.868	0.892
0.62	0.588	0.624	0.658	0.690	0.720	0.750	0.778	0.805	0.832	0.857	0.882
0.63	0.559	0.598	0.634	0.668	0.701	0.732	0.762	0.791	0.818	0.845	0.871
0.64	0.526	0.568	0.607	0.644	0.679	0.712	0.744	0.774	0.803	0.831	0.859
0.65	0.487	0.534	0.577	0.617	0.654	0.689	0.723	0.755	0.786	0.816	0.844
0.66	0.443	0.495	0.542	0.586	0.626	0.664	0.700	0.734	0.767	0.798	0.828
0.67	0.389	0.449	0.502	0.550	0.595	0.636	0.674	0.711	0.745	0.778	0.810
0.68	0.323	0.395	0.456	0.510	0.559	0.603	0.645	0.684	0.721	0.756	0.790
0.69	0.231	0.327	0.401	0.463	0.517	0.567	0.612	0.655	0.694	0.732	0.768
0.70	0.000	0.235	0.332	0.407	0.470	0.525	0.575	0.621	0.664	0.704	0.742
0.71		0.000	0.238	0.337	0.412	0.476	0.532	0.583	0.630	0.674	0.714
0.72			0.000	0.241	0.342	0.418	0.483	0.540	0.592	0.639	0.683
0.73				0.000	0.245	0.346	0.424	0.490	0.547	0.600	0.648
0.74					0.000	0.248	0.351	0.430	0.496	0.555	0.608

H_2 \ H_1	0.37	0.38	0.39	0.40	0.41	0.42	0.43	0.44	0.45	0.46	0.47
0.75						0.000	0.252	0.356	0.436	0.503	0.562
0.76							0.000	0.255	0.360	0.442	0.510
0.77								0.000	0.258	0.365	0.447
0.78									0.000	0.262	0.370
0.79										0.000	0.265
0.80											0.000

注 1. 流量计算公式 $Q = 3.354 \times H_2 \times (H_1 - H_2)$，单位：$m^3/s$。

2. H_1 为上游水深，H_2 为喉口水深，b 为喉口宽度，单位：m。

3. 此表适用于土渠和衬砌渠道，也适用于梯形渠道。

4. 使用步骤：①读取上游喉口水尺读数；②查表，例：H_1 为 0.3，H_2 为 0.28 得瞬时流量为 0.133；③计算水量，水量=瞬时流量×时间。

表 9 - 28　　　　文丘利量水槽流量速查表 B

（规格：$b = 0.55m$，流量为 $0 \sim 0.5 m^3/s$；适用于 U 形渠道）

H_2 \ H_1	0.21	0.22	0.23	0.24	0.25	0.26	0.27	0.28	0.29	0.30	0.31	0.32
0.20	0.053	0.075	0.092	0.106	0.118	0.130	0.140	0.150	0.159	0.167		
0.21	0.000	0.056	0.079	0.096	0.111	0.124	0.136	0.147	0.157	0.167	0.176	
0.22		0.000	0.058	0.082	0.101	0.117	0.130	0.143	0.154	0.165	0.175	0.184
0.23			0.000	0.061	0.086	0.106	0.122	0.136	0.149	0.161	0.172	0.183
0.24				0.000	0.064	0.090	0.110	0.127	0.142	0.156	0.168	0.180
0.25					0.000	0.066	0.094	0.115	0.132	0.148	0.162	0.175
0.26						0.000	0.069	0.097	0.119	0.138	0.154	0.169
0.27							0.000	0.072	0.101	0.124	0.143	0.160
0.28								0.000	0.074	0.105	0.128	0.148
0.29									0.000	0.077	0.109	0.133
0.30										0.000	0.079	0.112

H_2 \ H_1	0.21	0.22	0.23	0.24	0.25	0.26	0.27	0.28	0.29	0.30	0.31	0.32
0.31											0.000	0.082
0.32												0.000
0.33												
0.34												
0.35												
0.36												
0.37	0.294											
0.38	0.285	0.302										
0.39	0.273	0.292	0.310									
0.40	0.259	0.280	0.300	0.318								
0.41	0.243	0.266	0.287	0.307	0.326							
0.42	0.222	0.249	0.272	0.294	0.315	0.334						
0.43	0.197	0.228	0.255	0.279	0.301	0.322	0.342					
0.44	0.165	0.202	0.233	0.261	0.285	0.308	0.330	0.350				
0.45	0.119	0.169	0.206	0.238	0.266	0.292	0.315	0.337	0.358			
0.46	0.000	0.122	0.172	0.211	0.244	0.272	0.298	0.322	0.345	0.365		

H_2 \ H_1	0.33	0.34	0.35	0.36	0.37	0.38	0.39	0.40	0.41	0.42	0.43	0.44	0.45
0.20													
0.21													
0.22													
0.23	0.193												
0.24	0.191	0.201											
0.25	0.187	0.199	0.209										
0.26	0.182	0.195	0.207	0.218									
0.27	0.175	0.189	0.202	0.215	0.226								
0.28	0.166	0.182	0.196	0.210	0.222								

H_1 / H_2	0.33	0.34	0.35	0.36	0.37	0.38	0.39	0.40	0.41	0.42	0.43	0.44	0.45
0.29	0.154	0.172	0.188	0.203	0.217	0.230							
0.30	0.138	0.159	0.178	0.195	0.210	0.225	0.238						
0.31	0.116	0.142	0.164	0.184	0.201	0.217	0.232	0.246					
0.32	0.085	0.120	0.147	0.169	0.189	0.208	0.224	0.240	0.254				
0.33	0.000	0.087	0.124	0.151	0.175	0.195	0.214	0.231	0.247	0.262			
0.34		0.000	0.090	0.127	0.156	0.180	0.201	0.221	0.238	0.255	0.270		
0.35			0.000	0.093	0.131	0.161	0.185	0.207	0.227	0.245	0.262	0.278	
0.36				0.000	0.095	0.135	0.165	0.191	0.213	0.234	0.252	0.270	0.286
0.37					0.000	0.098	0.139	0.170	0.196	0.219	0.240	0.259	0.277
0.38						0.000	0.101	0.142	0.174	0.201	0.225	0.247	0.266
0.39							0.000	0.103	0.146	0.179	0.207	0.231	0.253
0.40								0.000	0.106	0.150	0.183	0.212	0.237
0.41									0.000	0.109	0.154	0.188	0.217
0.42										0.000	0.111	0.157	0.193
0.43											0.000	0.114	0.161
0.44												0.000	0.117
0.45													0.000
0.46													

H_1 / H_2	0.21	0.22	0.23	0.24	0.25	0.26	0.27	0.28	0.29	0.30	0.31	0.32
0.47		0.000	0.124	0.176	0.216	0.249	0.278	0.305	0.329	0.352	0.373	
0.48			0.000	0.127	0.180	0.220	0.254	0.284	0.311	0.336	0.360	0.381
0.49				0.000	0.130	0.184	0.225	0.260	0.290	0.318	0.343	0.367
0.50					0.000	0.132	0.187	0.229	0.265	0.296	0.324	0.350
0.51						0.000	0.135	0.191	0.234	0.270	0.302	0.331
0.52							0.000	0.138	0.195	0.239	0.275	0.308
0.53								0.000	0.140	0.198	0.243	0.281

H_2 \ H_1	0.21	0.22	0.23	0.24	0.25	0.26	0.27	0.28	0.29	0.30	0.31	0.32
0.54									0.000	0.143	0.202	0.248
0.55										0.000	0.146	0.206
0.56											0.000	0.148
0.57												0.000
0.58												
0.59												
0.60												
0.61												
0.62												
0.63												
0.64												
0.65												
0.66												
0.67												
0.68												
0.69												
0.70												

H_2 \ H_1	0.33	0.34	0.35	0.36	0.37	0.38	0.39	0.40	0.41	0.42	0.43	0.44	0.45
0.47													
0.48													
0.49	0.389												
0.50	0.375	0.397											
0.51	0.357	0.382	0.405										

续表

H_2 \ H_1	0.33	0.34	0.35	0.36	0.37	0.38	0.39	0.40	0.41	0.42	0.43	0.44	0.45
0.52	0.337	0.364	0.390	0.413									
0.53	0.314	0.344	0.371	0.397	0.421								
0.54	0.286	0.320	0.350	0.378	0.404	0.429							
0.55	0.252	0.291	0.326	0.357	0.385	0.412	0.437						
0.56	0.210	0.257	0.297	0.332	0.363	0.392	0.419	0.445					
0.57	0.151	0.213	0.261	0.302	0.338	0.370	0.399	0.427	0.453				
0.58	0.000	0.154	0.217	0.266	0.307	0.343	0.376	0.406	0.434	0.461			
0.59		0.000	0.156	0.221	0.271	0.312	0.349	0.383	0.413	0.442	0.469		
0.60			0.000	0.159	0.225	0.275	0.318	0.355	0.389	0.420	0.449	0.477	
0.61				0.000	0.162	0.228	0.280	0.323	0.361	0.396	0.427	0.457	0.485
0.62					0.000	0.164	0.232	0.284	0.328	0.367	0.402	0.434	0.464
0.63						0.000	0.167	0.236	0.289	0.334	0.373	0.409	0.441
0.64							0.000	0.169	0.240	0.294	0.339	0.379	0.415
0.65								0.000	0.172	0.243	0.298	0.344	0.385
0.66									0.000	0.175	0.247	0.303	0.350
0.67										0.000	0.177	0.251	0.307
0.68											0.000	0.180	0.255
0.69												0.000	0.183
0.70													0.000

注　1. 流量计算公式 $Q=2.6483×H_2×\sqrt{H_1-H_2}$，单位：m³/s；
　　2. H_1 为上游水深，H_2 为喉口水深，b 为喉口宽度，单位：m。
　　3. 此表适用于 U 形衬砌渠道。
　　4. 使用步骤：①读取上游喉口水尺读数；②查表，例：H_1 为 0.3，H_2 为 0.28 得瞬时流量为 0.105；③计算水量，水量＝瞬时流量×时间。

3. 测流公式

文丘利量水槽为临界水深槽。渠道中的水流在槽前为缓流，喉口处的水深为临界水深 h_k，之后水流进入急流状态与下游水流衔接。建立喉口水深断面与上游水深断面处的能量方程，得流量方程

$$Q = \mu H_2 b \sqrt{2g(H - H_2)} \tag{9-43}$$

式中　μ——流量系数。

矩形渠道：

$$\mu = [1 + \xi - (H_2/H_1)^2 (b/B)^2]^{1/2} \tag{9-44}$$

梯形渠道：

$$\mu = \sqrt{1 + \xi - \left(\frac{H_2}{H_1}\right)^2 \left(\frac{b}{B_0 + MH_1}\right)^2} \tag{9-45}$$

式中　M——渠道边坡系数；

B_0——梯形渠道底宽。

通过实测数据分析得出：

$$\xi = \frac{0.06}{\left(\dfrac{H_2}{H_1}\right)} \tag{9-46}$$

即

$$Q = H_2 b \sqrt{1 + \frac{0.06H}{H_2} - \left(\frac{H_2}{H_1}\right)^2 \left(\frac{b}{B_0 + MH_1}\right)^2} \sqrt{2g(H_1 - H_2)}$$

$$\tag{9-47}$$

4. 算例

沙壕渠一梯形渠道开口 3.5m，收底 1.6m，深 0.75m，下游最大水深 $H_3 = 0.7$m，设计 $Q_{max} = 0.6\text{m}^3/\text{s}$，最大水头损失 $\Delta z \leqslant$ 5cm，计算喉口宽 b 及进水口圆弧半径 R。

解：边坡系数 $M=(B-b)/(2h)=(3.5-1.6)/(2\times0.75)=$ 1.2667

渠道底宽 $B_0=1.6\mathrm{m}$，$H_3=0.7\mathrm{m}$，$\Delta z=0.05\mathrm{m}$，则

上游最大水深 $H_1=H_3+\Delta z=0.7+0.05=0.75\mathrm{m}$

$$B=B_0+MH_1=1.6+1.2667\times0.75=2.55$$

(1) 计算喉口宽 b。

$$\delta=\Delta z/H_1=0.05/0.75=0.0667$$

$$H_2=H_1-\eta\Delta z=0.75-0.05\eta$$

$$Q=1.65H_2^2/H_1 b\sqrt{2g\Delta z}=1.65b\sqrt{2g}(1-\eta\delta)[H_3-(\eta-1)\Delta z]\sqrt{\Delta z}$$

$$=7.3b(1-\eta\delta)[H_3-(\eta-1)\Delta z]\sqrt{\Delta z} \qquad (\mathrm{a})$$

$$\eta=2.72/(\mu^2+5.44\delta)(1+\eta^2\delta^2) \qquad (\mathrm{b})$$

$$\mu=[1+0.06/(1-\eta\delta)-(b/B)^2(1-\eta\delta)^2]^{-1/2} \qquad (\mathrm{c})$$

将 Q、δ、H_3、H_2、H_1、B_0、M、Δz 等代入上述 (a)、(b)、(c) 三方程得：

$$0.6=7.3b(1-0.0667\eta)[0.7-(\eta-1)\times0.05]\times0.05^{1/2}$$

则 $\quad b=0.3676/[(1-0.0667\eta)(0.75-0.05\eta)] \qquad (\mathrm{a}')$

$$\eta=2.72/(\mu^2+0.3628)\times(1+0.00445\eta^2) \qquad (\mathrm{b}')$$

$$\mu=[1+0.06/(1-0.0667\eta)-(b/2.55)^2(1-0.0667\eta)^2]^{-1/2}$$
$$(\mathrm{c}')$$

设 $\mu=1$，代入式 (b') 得 $\eta=2.72/(1+0.3626)(1+0.00445\eta^2)$

求得 $\eta=2.03275$，代入 (a') 得：$b=0.65589$，代入 (c') 得 $\mu=0.9902$

重复上述计算，

$$\eta=2.72/1.3429(1+0.00436)=2.0343$$

$$b=0.3676/(1-0.0667\times2.0343)/(0.75-0.05\times2.0343)$$

$$=0.6561\approx0.66$$

验算：

$$Q_{\max} = \mu b H_2 \sqrt{2g(H_1 - H_2)} = 0.9902 \times 0.66 \times (0.75 - 0.05 \times 2.0343)$$

$$\times \sqrt{2 \times 9.8 \times (0.75 - (0.75 - 0.05 \times 2.0343))} = 0.5987 \approx 0.6$$

满足要求。

（2）求圆弧半径 R 及流量公式。

$$Q_{\max} = 0.75 < 0.59(B - b) = 0.59(2.55 - 0.66) = 1.1151$$

$$R = 0.6(B - b) = 0.6(2.55 - 0.66) = 1.134$$

故，$b = 0.66\text{m}$，$R = 1.134\text{m}$，流量计算公式

$$Q = \mu b H_2 \sqrt{2g\,(H_1 - H_2)}$$

$$Q = 0.9902 \times 0.66 H_2 \sqrt{2g(H_1 - H_2)} = 2.8933 H_2 \sqrt{H_1 - H_2}$$

如果实际施工中喉口宽度有小的误差，则需修正流量公式。

本例中，竣工后实际喉宽 $b = 0.662$，则

$$Q = 2.9007 H_2 \sqrt{H_1 - H_2}$$

十、机翼形量水槽

1. 构造

机翼形量水槽是由机翼形槽壁及上游水尺组成，适用于 U 形渠道及矩形渠道，既可修筑于渠道中，也可修筑于渠首与闸敦结合处（图 9-14）。其施工工艺较复杂，用坐标放线施工。

机翼形槽壁的长度 L：对 U 形渠槽，$L = (1.5 \sim 2.0)H$；对矩形渠槽，$L = (2.0 \sim 3.0)H$，H 为渠道最大水深。

喉口宽度 B_c 取决于断面收缩比 ε：$\varepsilon = A_槽 / A_渠$，$A_槽$ 为量水槽喉口断面积，$A_渠$ 为渠道横断面积。对 U 形渠槽，$\varepsilon = 0.4 \sim 0.588$；对矩形渠槽，$\varepsilon = 0.48 \sim 0.58$。

临界淹没度 S_t：对 U 形渠槽，$S_t = 0.85$；对矩形渠槽，$S_t = 0.8$。

测流断面设在距槽墙与渠道侧墙交会处 1～2 倍最大上游水深处。

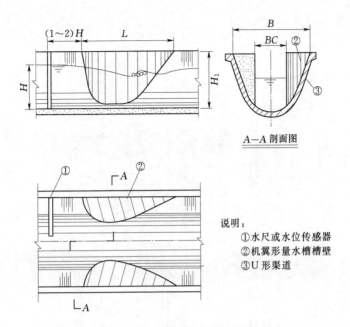

图 9-14　机翼形量水槽结构图

机翼形槽壁轮廓线由式（9-48）确定。

$$y=2.969P\left[(x/L)^{0.5}-(x/L)-(x/L)^2+(x/L)^3-(x/L)^4\right]$$

$$(9-48)$$

式中　x——以入口端与槽壁接触点为原点的横坐标，m；

　　　y——纵坐标，m；

　　　P——机翼形槽壁的最大厚度，m；

　　　L——机翼形槽壁的长度，m。

2. 流量计算

利用量纲分析原理，建立机翼形量水槽的流量计算公式为：

U 形渠道：　　$Q=0.54156\sqrt{g}B_c^{0.90925}H^{1.59075}$　　　（9-49）

矩形渠道：　　$Q=0.596366\sqrt{g}B_c^{0.982}H^{1.58}$　　　　（9-50）

式中　g——重力加速度，m/s²；

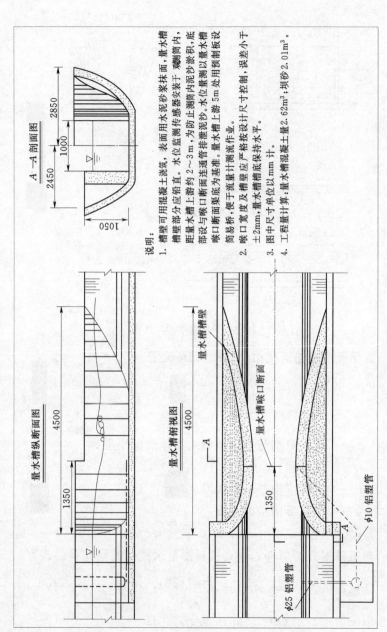

图 9-15 沙壤渠—斗渠机翼形量水槽设计图

说明：
1. 槽壁可用混凝土浇筑，表面用水泥砂浆抹面，量水槽槽壁部分应铅直。水位监测传感器安装于测筒内，距量水槽上游约 2～3 m，为防止测筒内泥砂淤积，底部设与喉口断面连通通管排泄淤砂。水位及量测以量水槽喉口断面渠底为基准。量水槽上游 5m 处用预制板设简易桥，便于流量计测流作业。
2. 喉口宽度及槽长应严格按设计尺寸控制，误差小于 ±2mm，量水槽槽底应保持水平。
3. 图中尺寸单位以 mm 计。
4. 工程量计算：量水槽混凝土量 2.62m³；现砂 2.01m³。

B_c——喉口宽度，$B_c = B - 2P$，m；

H——以喉口渠底为基准的量水槽上游水头，m。

3. 设计

设计的任务是确定合理的收缩比及喉口宽度。步骤如下：

（1）确定断面收缩比，$\varepsilon = A_槽 / A_渠$。

（2）确定喉口宽度 B_c，$A_槽 = \varepsilon \times A_渠$，由 $A_槽$ 求出 B_c。

（3）计算机翼形槽壁的最大厚度 P，$P = (B - B_c)/2$。

（4）计算机翼形槽壁的长度 L。

（5）计算机翼形槽壁的轮廓尺寸。

（6）根据初步选定的量水槽尺寸，校核临界淹没度。如满足要求，则设计完成，否则需要重新选择收缩比，按上述步骤反复计算，到满足要求为止。

例：沙壕渠—斗渠机翼形量水槽设计图（图 9-15）。

第十章

量 水 仪 表

一、LBX-7 浑水流量计

由针对内蒙古河套灌区渠道坡度平缓、泥沙含量大的特点，水利部南京水利水文自动化研究所开发研制了 LBX-7 浑（污）水流量计。它具有造价低廉、抗水草缠绕、水头损失小及观测直观、使用方便等优点。

LBX-7 浑（污）水流量计由旋杯式流量计和量水涵洞两部分组成，基本结构如图 10-1 所示。旋杯式流量计安放在量水涵洞的仪器室内，感应旋杯安设在靠近涵洞的顶部，并测量该点的流速，其他部分均在涵洞以上。

量水涵洞由矩形涵管、前后八字墙、前后挡水墙、弧形板和仪表房五部分组成。进出口水位差应根据水头损失要求确定，一般选用 10cm。涵管内的流速应控制在允许范围以内。在渠道输送最小流量时，量水涵管应为淹没流；输送最大流量时，不应使水位溢出渠堤。涵管的宽度一般应与渠道底宽相等，或根据涵管高度要求略宽或略小于渠底宽。涵管长度根据流量及涵管高宽比确定，一般流量在 $0.5\sim1\text{m}^3/\text{s}$，长度选 $1.4\sim1.6\text{m}$；流量在

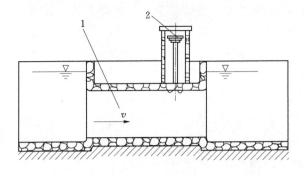

图 10-1 浑（污）水流量计结构示意图

1—量水涵洞；2—量水计

$1.0\sim1.5\mathrm{m}^3/\mathrm{s}$，长度选 $1.8\sim2.0\mathrm{m}$；流量在 $1.5\sim2.0\mathrm{m}^3/\mathrm{s}$，长度选 $2.0\sim2.4\mathrm{m}$。

旋杯式流量计由感应部分、发信部分、信号记录部分组成（图 10-2）。感应部分是一个六杯形旋杯部件，其垂直旋转轴由一套防水轴承机构支承，使旋杯既能灵活转动，又能很好的长期

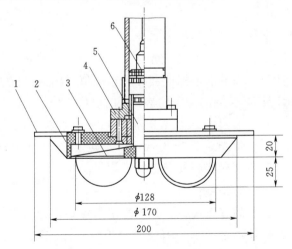

图 10-2 流量计的流速传感器及信号转换器

1—连接板；2—导流罩；3—旋杯转子；4—连接盒；

5—旋转支承部件；6—信号转换器

工作，防止水沙进入。发信部分，包括磁钢、干簧管，工作情况和常规流速仪类似。仪器上部装有计数记录器，记下旋杯感应部分的转数，可以按预置的 K 值得到时段的输水量。

技术性能指标：

a. 流速测量范围：0.2～3.0m/s。

b. 流量测量范围：0.1～10.0m³/s。

c. 连续工作时间：大于 30d。

d. 流速测量准确度：相对均方差±3.5%。

e. 工作环境：0～40℃，95%RH。

f. 水温及含沙量：0～40℃，20kg/m³。

g. 电源：3V（DC），用于自计流量时。

二、自动测流仪

本系统由河套灌区管理总局自主研发，用于配合文丘利、无喉道、机翼型、抛物线型等量水槽测流。

1. 组成

自动测流仪由压力传感器、电缆线、二次仪表、PC 计算存储设备、计算机软件等组成，可与文丘利量水槽配套使用。压力传感器可自动采集量水槽相应部分的水深值，由二次仪表进行记录、流量计算与累加。二次仪表结构简单，性能稳定，计算精确，操作简便。通过二次仪表的操作，可查看到传感器处的水深、瞬时流速、流量、累积水量，可设定和更改量水槽有关参数、采集数据的周期和翻阅测流历史记录（图 10-3）。

2. 传感器安装与设置

计算传感器的零点高。首先测算出渠深，再用水准仪测算出上游水面到渠顶的高度 y，用渠深减去 y 得出上游实际水深 h，由传感器传到显示仪上的水深为 h_1，$h-h_1$ 即为传感器上的零点高 D_1（图 10-4）。

传感器传输导线使用中空导气管材质，不能有划伤、打扣，不可用钢丝等材料勒紧电缆。

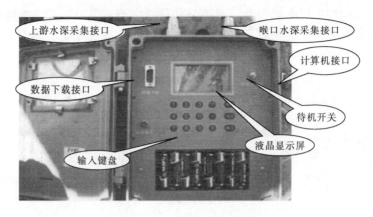

图 10 - 3　流量测算显示仪

传感器参数设定好后，不可以互换。如在同类别内互换必须重新设置参数。传感器插座编号按照外壳上的编号进行安装设定，不可以将 1 号、2 号传感器混淆。仪器上方左侧接口连接上游水深传感器，右侧连接喉口水深传感器。

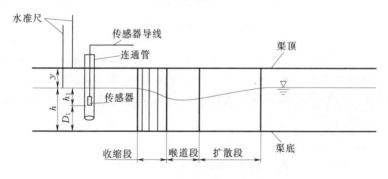

图 10 - 4　传感器安装

3. 自动测流仪的使用

（1）开机与待机。将开关拨到设定位置，可以设定参数与下载等操作。如将开关拨到待机位置，则进入待机状态，按照设定的周期自动进行测量和存储。仪器启动后，工作指示灯闪亮，等待系统自检过程，当显示屏上出现上游水深 H_1、下流 H_2 及时间时说明系统正常启动。

（2）设定系统参数。系统启动后可以按动菜单键进入功能设置菜单，在功能菜单下可以设定日期时间、采集周期、参数的设定、下载记录等操作。界面见图10-5。

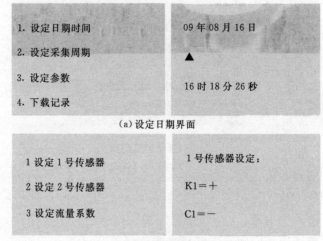

（a）设定日期界面

（b）设定传感器界面

图10-5 传感器界面

（3）数据下载。水位自动采集仪按照设定好的采集周期采集存储相关数据，通过将数据下载到记录存储器，实现对采集数据的处理与相关操作。首先将记录存储器插入仪器下载接口，在主菜单界面下，进入下载记录界面，接通对应的数字键，将数据下载到记录存储器。

（4）存储数据。将存储数据与主机连接，打开下载程序软件，单击"读取存储器"，读取完成后，输入开始和结束时间，点击"查询"，再点击"生成报表"后，存储器数据读取完毕。

三、DGN-1型流量计

DGN-1型流量计由水位传感器和计算显示器组成。它可与多种量水堰槽及短管（淹没流）、喷嘴等量水建筑物配套使用。

水位传感器由浮标、转轮、配重锤、电桥转换电路等组成。

当水流通过放水设施时，测筒内的水位发生变化使浮标上升或下降，在浮力的作用下，浮标驱动转轮旋转反映水位的变化。再由转轮带动电桥转换电路，输出反映水位变化的电信号，送入仪表的输入端进行采集。电桥转换电路是将非电量转换为电量的关键部件，其模拟水位变化的比例系数由实验确定。测量单水位，双水位的转轮式水位传感器示意图见图 10-6。

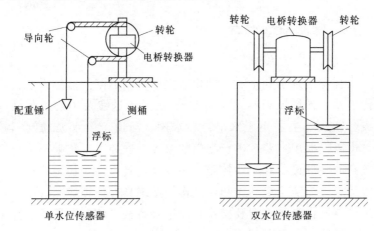

图 10-6　水位传感器示意图

计算显示器采用 FX-8100 型计算器的计算模块和显示器作为仪器的运算、显示部件。它体积小、功耗低、工作稳定、使用寿命长。可以实现按时序控制完成自动采数、存储、传输、运算、显示等功能，无须人工操作。仪器可以按需要连续或定时工作。

当某种量水设施的形式、尺寸确定后，将流量系数与过水面积参数预置在仪表的外控电路中，通过水位传感器测出水位或水位差送入仪表的输入端，经过电路的计算处理，就可以显示出水位、流量及水量值等。

DGN-1 型水位流量计性能指标：

测量水位或水位差：0～2m。

测量流量：0～10m³/s。

工作环境温度：≯45℃。

仪表工作方式：数字显示水位、流量及水量，断续运行或定时连续运行（定时时间可调）。

电源：交流整流电源±5V，直流蓄电池组±9V。

配用传感器：转轮水位传感器。

仪表尺寸：20×20×10cm。

四、闸涵监控设备

1. 闸门监控系统

水利部南京水利水文自动化研究所研制的闸门监控系统由闸位传感器、现场控制单元（LCU）、信号传送线及中心控制站等组成。该系统主要用于水电厂、水库、河道、供水渠的闸门控制，可以根据用户要求进行闸门的单控、群控。系统采用了可靠性较高的硬件设备和工业控制专用软件，具有性能稳定、操作简单等优点。为防止误动作和误操作，系统具有连锁控制，中心站操作具有操作等级设置及操作自动记录备查。该监控系统一般采用分布控制，信号传输采用光缆或其他避雷性能良好的传输方式，使系统远方控制可达数公里以外，系统同时具有现场图像监视功能，使用安全可靠。

系统具有自动监测被控闸门开度；自动监测闸门上下游水位并计算各闸门过流量、合计流量及各泄水建筑累计过水总量；根据操作规程自动控制闸门启闭。可实现定开度自动控制或定流量自动控制；具有闭路电视监视、记录、查询、检索操作过程等功能。

2. 引黄涵闸流量自动监测系统

由黄河水利委员会研制，应用效果良好，测流误差小于3.5％。该系统由硬件系统和软件系统组成。硬件系统包括闸门上下游水位计、闸位计、无线电发射台和传输、记录分析设备等。水位计采用进口超声波水位计或黄委会信息中心生产的电子水尺，闸位计选用南京水文水资源自动化研究所生产的光电编码闸位计，信号传输分有线和无线两种，监测记录和分析设备采用计算机。软件系统，用于流量计算、数据存储管理。监测系统软件是在 Windows 平台环境下进行工作的，通过界面形式可进行闸门控制、数据采集、处理、传送等工作。

系统可实时自动采集各闸门开度、开闸孔数、上下游水位等数据，自动记录开关闸门次数及开关时间，能实现闸门远方自动启闭控制；并任意组合闸门启闭顺序，能自动计算各闸的过闸流量、日均引水流量、日均引水量、旬均引水量、月引水量和年引水量等并生成报。

五、流速显示测算仪

流速显示测算仪是为配合流速仪而开发出来的一种显示、计算仪表（见图 10-7），它取代了传统流速仪使用电铃（响器）秒表的人工测流方法，简化了测流程序，提高了测速的工作效率。河套灌区徐宏伟开发的 X-V6、X-Q1 型，巴彦淖尔市武振耀开发的 WG-5 型、LCS-Ⅱ型流速显示测算仪均属此类产品。

图 10-7　流速显示测算仪

1. 仪器性能

（1）参数直接输入。通过自身配备的数字键盘，可以直接设定

K、M、T、C等参数，并兼容国内不同生产厂家、不同型号的旋杯（桨）式流速仪，操作简单。

（2）点阵式液晶显示屏。显示屏可以显示字母、数字、运算符号等，所以可以完整地显示流速仪的公式、各种参数的代数符号、常数数值，使操作人员更加直观地进行操作。

（3）记事本功能。为了进一步方便操作人员，该仪器具有存储功能，可以把测量得到的流速值、信号个数、历时等数据存入存储器，随时翻阅。

（4）智能化功能。为了防止人为误差，该仪器具有智能判断能力，确保计算数值精确。该仪器完全模拟人工测量所具备的各种经验素质，对各种随机出现的情形自动进行正确的处理。例如，在开始测量时，它会根据信号的稳定状况自动选择起始时刻；测量结束时，它自动判别最后一个脉冲的下降，并自动更新测量时间等等。另外，可根据所设定的参数值自动判断所配合使用的流速仪型号。

（5）便于调试与功能扩展升级。内部采用单片计算机控制，只需改动源程序即可实现整机性能的调整。

2. 主要技术参数

（1）输入信号：开关信号。

（2）适配流速仪类型：任何一种开关信号型的流速仪。

（3）输入阻抗：＞200Ω。可以测量具有一定导电能力的流体。

（4）电源：直流7.5～9V（1.5伏5号干电池5节）。

（5）电流：0mA -关机，15mA -待机，25mA -测量。

（6）工作环境温度：－25～60℃。

（7）重量：258g，不包括电池。

3. 使用操作方法

仪器工作流程图见图10-8。

（1）开机。确认安装好电池后，打开仪器顶部开关，仪器会进行自我诊断，检查内部电路有无短路，断路，并给出故障提

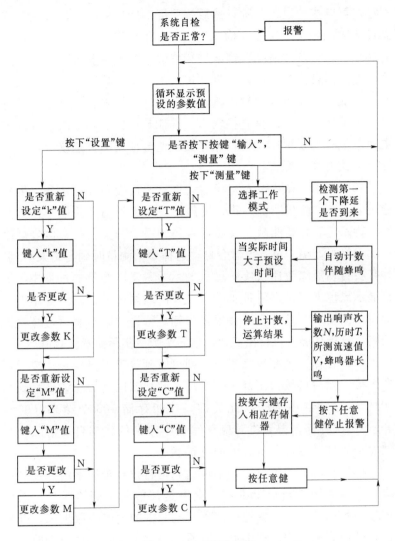

图 10 - 8　工作流程图

示，提醒送交维修。如果听到"B"的一声后，即可表示一切正常，然后进入待机状态，循环显示 K、M、T、C 值。

（2）参数设置。每次使用前，根据所使用的流速仪对应的公式确定参数。如发现待机状态循环显示的参数与所用流速仪公式不符，可以按"设置"键，然后按照屏上所显示提示，由数字键盘直接输入，完毕后按"确认"，然后输入下一个参数。在输入的过程中，可按"清除"键来进行修改。如果某参数保持原有数值不变，则直接按"确认"键，进入下一个参数输入界面。为了使操作更加简便可靠，每次按动按键都伴有蜂鸣音。总之，所有参数全部通过数字键盘直接输入，并能长期锁定，下次开机以及更换电池不需要再次设置，除非更换配合使用的流速仪或者流速计算公式有变。

（3）测量。参数输入完毕后，将流速仪投到规定水深，旋转稳定后，按"测量"键，此时仪器会对采集到的开关信号进行判断，待稳定后开始测量。仪器每采集到一个开关信号，信号灯闪一次，蜂鸣器响一声。仪器会自动选择开始测量时刻与结束时刻，并且会自动消除流速仪旋转触点的信号颤动。测量的过程中，屏幕显示黑色进度条，随时间进度增长而逐渐加长，便于操作人员等待，测量结束时蜂鸣器会报警告知。待进度条走满后，蜂鸣器长鸣，直接从屏上可读出流速、信号个数、实际测量历时值。

（4）存储。当测量完毕时，即可听到蜂鸣器报警音，按"存取"键，然后再按数字键"0""1"，就把该次测量的结果存到第"01"号存储器中去。以此类推，共能存储 100 个结果（00～99）。每次存储，都会将对应存储器中原来的数据自动清除。存储完毕后按"返回"键，返回待机状态。

（5）查看。待测量工作结束后，可将仪器带回室内，按"存取"键，屏显"input index"，意思是请输入存储器序号，然后按数字键"0""7"，就把存储器"07"中的内容提取出来。其他位置的内容都采用同样的办法查看。当屏幕显示具体内容时，如果按"↑"与"↓"键，可以从当前位置起，上下翻查存储记录。如果继续按照具体位置直接查找，则按"继续"键，然后重复以上步骤即可。查看完毕，按"返回"键可以返回待机状态。

4．使用注意事项

（1）防止仪器落入水中，禁止将仪器在太阳下曝晒，剧烈撞击。

（2）用后及时关掉电源。屏幕发白表示电量即要用完，及时更换电池。长期不用，取出电池。

（3）将导线与流速仪连接处的螺丝务必拧紧。

（4）各种参数的设定范围：

K、C、M 值参考表 1。参数值不符合要求，则屏幕显示：

T 值一般选取 $1\sim200s$，只要保证信号计数值 N 小于 99999，可以适当加大 T 的设定值。

5. 操作实例

假设配合使用的是 ls - 68 型的流速仪，仪器公式为 $v=0.6878MN/T+0.0023$，准备测量 100s，则：$K=0.6878$，$M=5$，$T=100$，$C=0.0023$，N/T 为转速，按以下步骤执行即可：

（1）开机后机器进行自检，自检完毕后听到"B"的一声后看到如下显示：

```
V＝K＊M＊N/T＋C
K＝0.5689
```

（2）第一行表示流速计算公式，第二行循环显示 K、M、T、C 值，如果发现与所使用流速仪公式不符，则进入第 2 步进行设置。如果相符可以直接进入第 3 步。

（3）按"设置"键，显示：

```
Please input K
```

提示输入 K 值，直接按动数字键盘输入即可，中途若有误动作，可以用"C"键来进行修改，输入正确后按"确认"键即完成了 K 值的设置，紧接着进入下一个参数的设置：

```
Please input M
```

以此类推，直到输完 C 值。如果某参数保持原有数值不变，则在不输入任何值的情况下按动"确认"键，进入下一个参数输入界面，或者按动"返回"键回到待机状态。下次开机将保留该次的设置，所以如果长期配合使用同一台流速仪，只需在第一次使用时进行设置即可。

（4）将流速仪投入水中，待旋转稳定后按动"测量"键显示如下：

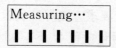

"$V_s=0.5678$"表示当前的瞬时速度，"23％"表示按照历时设定值所完成的测量进度。在测量的过程中，仪器面板的绿色发光管会随着开关信号的有无而闪烁，同时蜂鸣器也会对应信号鸣叫，便于操作人员监视监听流速仪的工作状况。

（5）测量结束后，蜂鸣器报警告知，屏幕显示：

```
N=25   T=102.3
V=0.8427
```

表示信号个数为 25（即转数为 125），测量时间为 102.3s，该点流速为 0.8427m/s。如果不存储，直接按"返回"键 2 次就进入待机状态。如果按"存取"键，然后再按动数字键"0""7"，就把该次测量的结果存到第"07"号存储器中去，蜂鸣器"嘀嘀"两声。如图：

```
input index：07
```

此状态持续 2s 后仪器自动回到待机状态，可以进行下一次测量。

（6）在待机状态下，按"存取"键，屏幕显示：

```
input index：
```

然后按"0"、"7"，屏幕显示：

```
N=25      T=102.3
V=0.8427    No.07
```

继续查找按动"继续"，然后重复本部分内以上内容。如果翻查，按动"↑"与"↓"键。不再查看就按动"返回"键，返回待机状态。

第十一章

测流资料的整理与分析

一、测流资料整理分析的目的和内容

1. 整理分析的目的

整理与分析测流资料，目的在于检查用水计划的执行情况，为合理配水，计量收费提供依据，并为今后编制和执行用水计划积累资料。

2. 整理分析的内容

（1）计算流经测站的水量，检查供用水计划完成情况，平衡来去水量。

（2）渠道输入损失的分析。

（3）水的利用系数的分析。

（4）实际灌水定额的分析。

（5）水工建筑物流量系数的校正。

（6）编绘水位-流量关系曲线图。

（7）绘制水源测站流量过程线。

（8）灌区用水量经济成本的分析。

二、测站水量计算

1. 流经测站水量的计算

流经测站水量的计算必须逐日进行。每日水量等于该日各时段内水量的总和，即：

$$W = W_1 + W_2 + \cdots + W_n \qquad (11-1)$$

式中　　　　　　W——日水量，m^3；

W_1、W_2、$\cdots$、W_n——时段水量，m^3。

每一时段流经测站的水量等于流经该段所需时间与该段时间的平均流量的乘积，即：

$$W_1 = \frac{q_1 + q_2}{2} t_1$$

$$W_2 = \frac{q_2 + q_3}{2} t_2$$

$$\vdots$$

$$W_{n-1} = \frac{q_{n-1} + q_n}{2} t_{n-1}$$

式中　q_1、q_2、$\cdots$、q_n——t_1、t_2、$\cdots$、t_n 时间内的流量，m^3/s；

t_1、t_2、$\cdots$、t_n——时间，s。

用全日水量除以全日秒数便可得出全日平均流量。

用表 11-1 来检查对比供（用）水计划的执行情况。

表 11-1　　　　　　　　　　用水计划执行表

供水日期		供水量/万 m^3		计划与实际相比			累计供水量/万 m^3		计划与实际相比		
月	日	计划	实际	+	-	±%	计划	实际	+	-	±%

2. 流经测站的水量平衡计算

（1）日引（排）水量，等于该日各时段内引（排）水量的总和，计算工作每日进行。

（2）每次灌溉总引（排）水量，等于该次灌溉期内各日引（排）水量的总和。

（3）每季度总引（排）水量，等于该季度内各月引（排）水量之和。

（4）每年总引水（排）水量，等于年内各季度引（排）水量之总和。

灌区水量平衡计算应包括引水量、排水量、退水量、渠系渗漏损失、灌溉田块实用水量等。平衡计算工作在每次、季度、年度灌溉完毕后进行。

灌溉期间渠道来去水量平衡，参照表 11-2。

表 11-2   ××灌区××渠道水量平衡表

渠别	用水时间		总引水量 /万 m³	损耗水量/万 m³								用水量 /万 m³
	月	日		渗漏	%	决口	%	回水	%	其他	%	

三、渠道灌溉水利用率分析

1. 渠道输水损失分析计算

（1）在 L 公里长渠道内的输水损失量

$$S = Q - Q_n \qquad (11-2)$$

式中 S——在 L 公里长渠道内的输水损失量，m^3/s；

    Q——渠首流量，m^3/s；

    Q_n——渠尾流量，m^3/s。

如果在施测、分析渠道输水损失的同时，下一级渠道有开闸引水者，则：

$$S = Q - \sum q - Q_n \qquad (11-3)$$

式中　　$\sum q$——下一级渠道在相应时间内引水流量的总和，m^3/s。

（2）每公里渠道内损失量

$$\delta = S/L \qquad (11-4)$$

式中　　δ——每公里渠道内损失量，$m^3/(s \cdot L)$。

如用流量百分数 δ_Q 表示则为：

$$\delta_Q = \frac{S}{L} \times 100 \qquad (11-5)$$

式中　　δ_Q——输水损失，$\%/km$。

2. 水利用系数分析

（1）渠道水利用系数。渠道水利用系数等于同一时期渠道的末端流量 Q_n 与渠首端流量 Q 的比值。如果有数条下一级渠道同时引水，则为同一相应时间放入下一级渠道的流量之和 $\sum q$ 或 $\sum W_x$ 与该渠道首端引入流量 Q 或水量 W 之比值，以公式表示，即：

$$\eta = Q_n/Q = \sum q/q = \sum W_x/W \qquad (11-6)$$

式中　　　η——渠道水利用系数；

　　Q——渠道首端流量，m^3/s；

　　W——渠道引入水量，m^3；

　　Q_n——渠道尾部流量，m^3/s；

$\sum q$、$\sum W_x$——同一时间相应放入下一级渠道的流量、水量之和。

（2）渠系水利用系数。在某渠系内（总干、干、分干、支、斗、农、毛渠）同一时期里，由最末一级输水渠道输入田间流量总和 $\sum q$ 或水量 $\sum W$，与该渠系第一级渠道总干渠引入流量 Q_0 或水量 W_0 的比值即为该渠系的渠系水利用系数。即：

$$\eta_0 = \sum q/Q_0 = \sum W_0/W_0 \qquad (11-7)$$

式中　η_0——渠系水利用系数。

渠系水利用系数还可用同时工作的各级渠道水利用系数的乘积表示，即：

$$\eta_0 = \eta_{总干} \times \eta_干 \times \eta_{分干} \times \eta_支 \times \eta_斗 \times \eta_农 \times \eta_毛 \qquad (11-8)$$

式中　$\eta_{总干}$、$\eta_干$、$\eta_{分干}$、$\eta_支$、$\eta_斗$、$\eta_农$、$\eta_毛$——各级渠道（同时工作）加权平均的渠道水利用系数。

（3）田间水利用系数。田间水利用系数等于田间实际利用水量 V 与放入田间的水量 W 的比值，即：

$$\eta_田 = V/W \qquad (11-9)$$

式中　$\eta_田$——田间水利用系数；

V——田间实际用水量（作物需水量与渗漏量之和），m^3；

W——放入田间的水量，m^3。

（4）灌溉水利用系数。渠首引入水量通过各级渠道送入田间，其中进入田间被作物有效利用的水量（$\sum V$）与渠首引入总水量（W）的比值，为灌溉水利用系数，即：

$$\eta_a = \sum V/W = A \cdot M/W \qquad (11-10)$$

式中　η_a——灌溉水利用系数；

A——灌溉面积，亩；

M——有效灌水定额，$m^3/$亩；

V——田间被作物有效利用水量，m^3；

W——渠道引入总水量，m^3。

（5）灌水定额分析。同一时期实际灌溉的面积除实际引入的总净水量（渠道损失水量除外），即得出实际灌水定额。

$$M = W_x / A \qquad\qquad (11-11)$$

式中　M——实际灌水定额，m^3/亩；

W_x——一定时期内引入的净水量，等于渠系水利用系数乘以该时期内引入的总水量，m^3；

A——同时期内的实灌面积，亩。

四、测站水位-流量关系

1. 水工建筑物流量系数的校正

按照第八章利用水工建筑物的量水方法进行整理。根据利用流速仪测量得出的资料，按公式计算出建筑物的流量系数，求多次观察结果的平均值，与原采用的系数相比较，如二者相差超过 $\pm 5\%$ 时，应采取实测值。

2. 绘制测站水位-流量过程线

水位-流量过程线的绘制方法是，根据实测资料，以日平均水位（流量）为纵坐标，时间（以日为单位）为横坐标，绘制水位（流量）过程线，并可进一步分析不同水位（流量）与渠首引水的关系。

五、量水误差的来源及表示方法

1. 量水误差的来源

通常量水误差主要来源于：

（1）各种类型的量水设备的边界条件，包括行近渠道、下游渠道和量水建筑物本身的技术要求。

（2）量水建筑物的施工条件，包括几何尺寸和平整度等是否达到要求。

（3）流量公式的形式与流量系数的误差。

（4）水位观测误差，包括水尺零点设置的误差、水尺刻度和水位读数的误差。

（5）水位观测仪器的刻度误差、仪器灵敏度引起的读数误差。

在灌区量水工作中，为了提高量水建筑物的量水精度，一般需要对量水建筑物进行连续观测，对观测结果进行分析。确定其误差程度，采用适当的处理措施。

2. 量水误差的表示方法

流量测量误差可以定义为流量真值与某一量水设备的流量公式计算值之差。

国际标准化组织（ISO）认为，用统计确定的不确定度是表示流量测量精度的最好方法。不确定度是指流量观测值（或计算值）偏离流量真值的极限误差。将流量测量中各种误差来源所引起的不确定度进行合成，就可以计算出流量测量的总不确定度。一般情况下，对形成总不确定度的各个不确定度分量都可以估算，并可由此分析出已有设备和技术条件能否满足实际测流工作中所要求的精度。如果不能满足精度要求，则可以在合成总不确定度的分析过程中，发现对总不确定度影响最大的一部分不确定度，并着手改善有关设备或测试技术，减小这部分不确定度，从而减小总不确定度，来满足测流的精度要求。

六、量水误差的不确定度

1. 各种误差影响因素的不确定度

误差分为偶然误差和系统误差。偶然误差是精度和试验误差。偶然误差偏离平均值的情况是遵守概率定律的，而且绝大多数情况下的误差分布属于正态分布。系统误差来源于量水设备固有的不准确性和量测条件。

设某量的真值为 Y_0，对它进行 n 次测量得到 n 个实测值 Y_i，$(i = 1, 2, \cdots, n)$，$\Delta Y = Y_i - Y_0$ 为 Y 的测量误差，$\overline{Y}$ 为 Y_i 的算术平均值，用下式计算：

$$\overline{Y} = \frac{1}{n} \sum_{i=1}^{n} Y_i \qquad (11-12)$$

系统误差用 μ_Y 表示，则

$$\mu_Y = \overline{Y} - Y_0 \qquad (11-13)$$

$\Delta Y - \mu_Y = Y_i - \overline{Y}$ 是测量误差的偶然误差部分，偶然误差所引起的不确定度，可以用统计方法估算，以"标准差"表示。标准差 S_Y 的计算公式为：

$$S_Y = \left[\frac{1}{n-1} \sum_{i=1}^{n} (Y_i - \overline{Y})^2 \right]^{1/2} \qquad (11-14)$$

标准差 S_Y 与均方差 σ_Y 的计算式不同，均方差的计算式为：

$$\sigma_Y = \left[\frac{1}{n} \sum_{i=1}^{n} (Y_i - \overline{Y})^2 \right]^{1/2} \qquad (11-15)$$

当 n 较大时，二者相差甚微。算术平均值 $\overline{Y}$ 的标准差为：

$$S_{\overline{Y}} = \frac{S_Y}{\sqrt{n}} \qquad (11-16)$$

算术平均值 $\overline{Y}$ 的不确定度是 $2S_{\overline{Y}}$（置信概率为 95%）。这个不确定度就是偶然误差分量。由此可见，可以通过增加测量次数 n 来减少偶然误差所引起的不确定度。

系统误差 μ_Y 是由设备的不准确或量测条件所引起的。这种不确定度只能根据对使用设备和技术的了解进行主观估算。由于重复观测（增加测次）不能消除系统误差，因而只能使用另一种确知是更精确的方法来估算实际值，或根据另一种确知是更精确的量水方法和量水设备来检验精准度较差的量水设备，以部分消除系统误差。

2. 各种系数值的误差

各种量水设备的流量公式中都应用了若干系数值。这些系数值是根据在不同条件下进行试验确定的，而这些试验条件又符合各种量水设备的技术要求，所以各种系数的误差主要是系统误差。

量水建筑物的设备与施工均符合规范的技术要求，流量系数 Cd、μ 的不确定度可参考表 11-3。

表 11 - 3　　　　　　　　　量水设备的系数及其不确定度

量水建筑物类型	系数名称	不确定度 /%
薄壁堰（自由流）	Cd	$\pm(1.0\sim2.0)$
其中三角形堰	Cd	$\pm(1.0\sim1.5)$
梯形堰	Cd	$\pm(4\sim6)$
巴歇尔量水槽	Cd	$\pm(3\sim6)$
简易量水槽	Cd	$\pm(3\sim6)$
标准喷嘴	μ	$\pm(1\sim3)$

3. 测试人员测量数据的误差

测试人员实际观测的数据包括堰（槽）宽度 b，水头 h 和角度 α。这些测量值中，既有偶然误差，又有系统误差。b、α 的观测误差取决于所用的设备和方法，h 值的观测误差不仅取决于观测设备和测量技术，还与水位波动有关。因此，h 值的不确定性来源于水尺零点、仪器灵敏度、读数的偏移、若干次观测值的平均值误差等。实测水头的不确定度是上述各单项不确定度的平方和的方根。

由于对测量方法和措施没有统一的规定，因而不能给出这些观测量不确定度的个体数值。减小这些观测量的不确定度只有改善观测设备、技术和方法，适当增加观测次数。

当观测设备合格、观测人员认真，也可以给出一些观测值的不确定度，供测试人员参考，见表 11 - 4。

表 11 - 4　　　　　　　供测试人员估计用的不确定参考值

测量项目	测量设备	误差项目	不确定度
水头 $\hat{h}$	自记设备	零点测定	$\pm(1\sim2)$
		水位观测	$\pm(3\sim5)$
	水尺读数	零点测定	$\pm(1\sim3)$
		水位观测	$\pm(5\sim10)$

测量项目	测量设备	误差项目	不确定度
尺寸 b	皮尺	一次测定	$\pm(5\sim10)$
		平均值	$\pm(3\sim5)$
	钢尺	一次测定	$\pm(1\sim2)$
		平均值	$\pm(0.5\sim1)$

4. 不确定度的合成

我国使用的"误差"是指一个标准差代表的误差，真值落在一个标准差范围内的概率为 68.3%。流量测量的总误差表达式为：

$$\frac{\sigma_Q}{Q} = \pm \sqrt{\left(\frac{\sigma_{fn}}{f_n}\right)^2 + \left(\frac{\sigma_c}{c}\right)^2 + \left(\frac{\sigma_b}{b}\right)^2 + N\left(\frac{\sigma_h}{h}\right)^2} \qquad (11-17)$$

式中　σ_Q——流量的均方差；

Q——流量（测量值），$\mathrm{m^3/s}$；

$\dfrac{\sigma_{fn}}{f_n}$——淹没流系数的均方差；

f_n——淹没流系数；

c——综合流量系数；

$\dfrac{\sigma_c}{c}$——综合流量系数的均方差；

σ_b——宽度的均方差；

b——宽度（堰、槽），m；

n——水头的指数；

σ_h——水头的均方差；

h——水头，m。

"不确定度"用大写 χ 表示，其值落在该范围内的概率为 95.4%，置信界限为 95%。

流量测量总不确定度的计算公式为：

$$\chi_Q = \pm \sqrt{\chi_{f_n}^2 + \chi_c^2 + \chi_b^2 + \chi_h^2} \qquad (11-18)$$

式中 χ_Q——流量测量的总不确定度；

　　χ_{f_n}——淹没流系数的不确定度；

　　χ_c——综合流量系数的不确定度；

　　χ_b——宽度的不确定度；

　　χ_h——水头的不确定度。

上述 χ_Q、χ_{f_n}、χ_c、χ_b、χ_h 的置信界限均为 95%。

每一个决定流量基本因素的不确定度，又可能是若干单项误差引起的不确定度的组合，即为各单项不确定度平方和的方根。

七、量水设备检测

重复观测不能消除系统误差，因此只能用另一种已知是更精确的量水设备和方法来检测精度较低的量水设备。量水设备检测常常是把待测的量水设备与用来检测的量水设备以串联方式安装在试验渠道上，同时测定同一流量。这种检测方法的条件为：

（1）在所定测流范围内的总检测次数较多，一般要求 $n \geqslant 20$。

（2）检测设备的测流精度高于被检设备的测流精度，要求检测设备流量测量的总不确定度小于标准差。

（3）流量的范围至少应占所定测流范围的 70%～80%，确知综合流量系数 f 在此范围内为常数。

国内习惯是求得测流的标准差以反映被检设备的综合流量系数 c 和测流的误差，其置信界限为 68.3%（即未将检测设备的误差计算在内）。

上述检测方法的优点在于能以较少的检测次数达到率定系数和确定测流精度的目的，所以灌区使用量水设备的站段常用此法。

1. 某一稳定流量条件下进行 n 次检测

（1）率定系数。设被检测设备的流量公式为：

$$Q = J c b h_1^N \qquad (11-19)$$

式中　J——量水设备的公式常数;

　　　c——综合流量系数(包括流量系数 C_d、行近流速系数 C_v 及断面形状系数等);

　　　h_1——量水设备的上游水头或淹没式量水设备的压差;

　　　b——控制断面尺寸或断面面积;

　　　N——h_1 的指数,淹没式量水设备, $N=1/2$;明渠式量水设备, $N \geqslant 3/2$。

设稳定流量的真值用 Q_0 表示,检测设备测得的流量值为 Z_i,被检测设备测得同一流量值为 y_i。由被检设备的流量公式可得:

$$c_i = \frac{Z_i}{Jbh_1^N} \qquad (11-20)$$

被检设备综合系数 c 的平均值为:

$$\bar{c} = \frac{1}{n} \sum_{i=1}^{n} c_i \qquad (11-21)$$

c_i 的标准差为:

$$S_{ci} = \pm \sqrt{\frac{1}{n-1} \sum_{i=1}^{n} (c_i - \bar{c})^2} \qquad (11-22)$$

平均值 $\bar{c}$ 的标准差为:

$$S_{\bar{c}} = \frac{S_{ci}}{\sqrt{n}} = \pm \sqrt{\frac{1}{n(n-1)} \sum_{i=1}^{n} (c_i - \bar{c})^2} \qquad (11-23)$$

c 的不确定度为:

$$\chi_c = \pm \sqrt{\left(\frac{2S\bar{c}}{\bar{c}}\right) + \chi_z^2} \times 100\% \qquad (11-24)$$

式中　χ_z——检测设备流量测量的总不确定度,用相对值表示(%)。

按式(11-21)率定所得的综合系数 $\bar{c}$ 可能与被检设备的原定值(或通用值) c_0 不相等,若按式(11-21)求得的 $\bar{c}$ 作为被检设备的综合系数,实际上已经消除了被检设备综合系数的部分系统误差。消除部分系统误差后,综合系数 $\bar{c}$ 的不确定度由式(11-24)计算。

（2）计算被检设备的测流精度。设某一流量的真值为 Q_0，则被检设备的误差为：

$$\Delta Y_i = Y_i - Q_0$$
$$= (Y_i - Z_i) + (Z_i - Q_0) \qquad (11-25)$$

ΔY_i 的平均值即为 Y_i 的系统误差：

$$\mu_Y = \frac{1}{n} \sum_{i=1}^{n} \Delta Y_i$$
$$= \frac{1}{n} \sum_{i=1}^{n} \left[(Y_i - Z_i) + (Z_i - Q_0) \right]$$
$$= (\overline{Y} - \overline{Z}) + (\overline{Z} - Q_0) \qquad (11-26)$$

上式中，$(\overline{Z} - Q_0)$ 中为检测设备的系统误差，用 μ_z 表示。检测设备的不确定度 χ_z 中，主要为系统误差，故 $\chi_z \approx \mu_z = (\overline{Z} - Q_0)$。当被检设备流量计算公式中的综合系数 c 由式（11-21）及式（11-22）确定时，$\overline{Y} \approx -\overline{Z}$，故有：

$$\mu_Y \approx \mu_z = (\overline{Z} - Q_0) = \pm \chi_z \qquad (11-27)$$

Y_i 的偶然误差部分为：

$$\Delta Y_i - \mu_Y = (Y_i - Q_0) - \mu_Y$$
$$= (Y_i - Q_0) - (\overline{Z} - Q_0)$$
$$= Y_i - \overline{Z}$$

偶然误差的标准差为：

$$S_Y = \pm \sqrt{\frac{1}{n-1} \sum_{i=1}^{n} (Y_i - \overline{Z})^2}$$
$$\approx \pm \sqrt{\frac{1}{n-1} \sum_{i=1}^{n} (Y_i - \overline{Y})^2} \qquad (11-28)$$

被检设备在流量为某一值 Q 时流量测量的总不确定度（相对值）为：

$$\chi_Y = \pm \sqrt{\left(\frac{2 S_Y^2}{\overline{Y}} \right)^2 + \chi_z^2} \qquad (11-29)$$

作出 χ_Y - Q 关系线，便可了解在不同流量时的测流精度。

为了求得 χ_Y - Q 关系线，检测工作量常常较大，因为这种检测方法要求：①每个流量的检测次数 $n \geqslant 10$；②$\chi_z \leqslant \dfrac{S_Y}{Y}$，即检测设备的精度应高于被检测设备，否则检测失去意义。

2. 在某一流量范围内进行 n 次检测

如果确认被检测设备的综合系数 c 在某一流量范围内（或相应的水头范围内）是常数，即可在此流量范围内选若干流量值进行检测，每个流量值只测一次或几次，总测次数为 n。

（1）率定系数。仍按式（11-21）～式（11-24）求得 c 的平均值 $\bar{c}$ 及 c 的总不确定度 χ_c。

（2）被检测设备流量测量的总不确定度计算. Y_i 的相对误差为：

$$\delta_{Yi} = \frac{Y_i - Q_i}{Q_i} = \frac{Y_i}{Q_i} - 1 \qquad (11-30)$$

因 Q_i 为未知数，用检测设备测得的流量值 Z_i 来代替，则有：

$$\delta_{Yi} \approx \frac{Y_i}{Z_i} - 1 \qquad (11-31)$$

δ_{Yi} 的标准差（相对值）$\delta_{\delta Y}$ 为：

$$S_Y = \pm \sqrt{\frac{1}{n-1} \sum_{i=1}^{n} (Y_i - \overline{Z})^2} \qquad (11-32)$$

被检测设备在此流量范围内的流量测量总不确定度为：

$$\chi_Y = \pm \sqrt{4 S_{\delta Y}^2 + \chi_z^2} \times 100\% \qquad (11-33)$$

式中，χ_Y 及 χ_Z 均用百分数表示。

八、算例

永济量水示范区梯形堰，流量公式为 $Q = cbh_1^{1.5}$，堰口宽度 $b = 0.508\mathrm{m}$，用体积法进行检测，率定该梯形堰的综合系数 c 并评定该梯形堰流量的总不确定度。已知体积法的测流总不确定度

为 $\chi_z = 1\%$，检测成果见表 11-5。总检测次数 $n = 27$，检测的流量范围为 $0.0156 \sim 0.08315 \mathrm{m^3/s}$。

解：由表 11-5 求得综合系数的平均值 $\bar{c} = 1.910$，相对标准差 $S_{\bar{c}i} = \pm 1.55\%$，平均值 $\bar{c}$ 的标准差：

表 11-5　　　　　　　　　　梯形堰检测成果

测次 i	实测流量 $Z_i/(\mathrm{m^3/s})$	堰上水头 h_i/m	综合系数 c_i	流量计算值 $Y_i/(\mathrm{m^3/s})$	Y_i/Z_i
1	0.05615	0.151	1.884	0.0570	1.015
2	0.0579	0.151	1.942	0.0570	0.984
3	0.0375	0.1125	1.957	0.0366	0.977
4	0.045	0.127	1.957	0.0440	0.977
5	0.0449	0.128	1.933	0.0445	0.991
6	0.03415	0.107	1.921	0.0340	0.996
7	0.08315	0.1935	1.916	0.0827	0.994
8	0.06684	0.168	1.911	0.0669	1.001
9	0.0660	0.167	1.902	0.0663	1.004
10	0.04984	0.1388	1.898	0.0502	1.007
11	0.0493	0.138	1.893	0.0498	1.010
12	0.0418	0.124	1.884	0.0421	1.015
13	0.04217	0.1225	1.936	0.0416	0.988
14	0.0330	0.106	1.881	0.0335	1.016
15	0.0330	0.105	1.908	0.0330	1.000
16	0.0234	0.083	1.926	0.0232	0.993
17	0.02366	0.084	1.913	0.02365	0.999
18	0.0816	0.190	1.939	0.08044	0.986
19	0.0827	0.192	1.935	0.0817	0.988
20	0.08255	0.191	1.940	0.0811	0.986
21	0.0597	0.1575	1.882	0.0607	1.017
22	0.03466	0.107	1.949	0.0340	0.981

测次 i	实测流量 Z_i / （m³/s）	堰上水头 h_i/m	综合系数 c_i	流量计算值 Y_i / （m³/s）	Y_i/Z_i
23	0.01538	0.064	1.869	0.0157	1.0225
24	0.0597	0.157	1.882	0.0604	1.016
25	0.0330	0.107	1.856	0.0340	1.030
26	0.0156	0.064	1.899	0.0157	1.008
27	0.0223	0.0825	1.853	0.0230	1.032
平均值	1.910				1.001
相对标准差/%	1.55				1.57

$S_{\bar{c}} = \pm \dfrac{1.55}{\sqrt{27}}(\%) = \pm 0.3\%$，已知检测设备（体积法测流量）的不确定度 $\chi_z = \pm 1\%$，故综合系数 c 的总不确定度 $\chi_c = \pm \sqrt{4 \times 0.3^2 + 1^2} \times 100\% = \pm 1.17\%$。

被检设备（梯形堰及相应的水头观测设备）的流量测量的总不确定度为：

$$\chi_Y = \pm \sqrt{4 \times 1.57^2 + 1^2} \times 100\% = \pm 3.3\%$$

第十二章

利用 Excel 设计量水建筑物方法

在设计抛物线形量水槽和文丘利量水槽时，通常需要用试算法或编写计算机程序计算流速系数和结构尺寸，前者计算过程繁琐，后者需要具有编写计算机程序的能力。Excel 具有强大的迭代处理功能，利用表格形式即可进行量水槽的结构设计。

一、迭代计算

使用 Excel 迭代计算，应首先设定迭代计算选项。Excel2003操作方法：点击菜单工具→选项，选中重新计算选项，选中"迭代计算"选择框，设定最多迭代次数和迭代误差。Excel 迭代计算通过调整"可变单元格"的数值，使"目标单元格"达到一个特定值，"可变单元格"最终数值即为方程的解，求解精度由最多迭代次数和迭代误差设定。

乔国双等提出的直接迭代法对于方程可用显式 $X = g(X)$ 表示时非常实用，本文予以介绍。迭代法的基本思路就是将隐性函数方程归结为一组显式的计算公式，其过程是一个逐步显式化的过程，显式迭代很容易在 Excel 表格中实现。下面以收缩水深 h_c 为例，说明直接迭代法是如何在 Excel 表格中实现的。

收缩水深 h_c 计算公式见式 (12 - 1)，将其转化为 $X = g(X)$ 的显式形式，见式 (12 - 2)。

$$h_c^3 - T_0 h_c^2 + \frac{\alpha q^2}{2g\varphi^2} = 0 \qquad (12 - 1)$$

$$\sqrt{\frac{h_c^3 + \dfrac{\alpha q^2}{2g\varphi^2}}{T_0}} = h_c \qquad (12 - 2)$$

式中　T_0——总势能，m；

q——单宽流量，$m^2/(s \cdot m)$；

h_c——收缩水深，m；

g——重力加速度，m/s^2；

α——动能修正系数，1；

φ——流速系数，0.95。

用 Excel 进行直接迭代计算步骤如下：

(1) 在 Excel 中建立如表 12 - 1 的新工作表，表中第 1 行为各个输入参数或计算公式说明单元格；第 2 行为输入的初始值或计算值；D1 单元格 $g(x)$ 代表式 (12 - 2) 左部分，H1 单元格 $f(x)$ 代表式 (12 - 2) 的右部分。

(2) 在 A2，B2 单元格中输入参数初始值，C2 单元格可输入 h_c 试算的一个初始值，例如 1.00m，其余各单元格按照第 1 行参数说明输入相应的计算公式，计算结果列于行 2。

(3) 将 h_c 试算初始值改为等于迭代公式单元格，即将 C2 单元格等于 D2，启动迭代计算，直到满足设定的最多迭代次数或迭代误差的计算要求，计算结果列于行 3。

(4) 由表 12 - 1 计算成果，$h_c = 0.793m$，单元格 D2 等于单元格 C2，单元格 H2 等于 0，即满足式 (12 - 2) 和式 (12 - 1) 函数关系，计算成果无误。上述成果是在最多迭代次数为 100，迭代误差为 0.001 情况下的成果，计算速度较快。

表 12 - 1　　　　　　　　　直接迭代法求收缩水深 h_c 表

	A	B	C	D	E	F	G	H
1	T_0	Q	h_c	$q(x)$	h_c^3	$T_0 h_c^2$	$q^2/(2gF^2)$	$f(x)=h_c^3-T_0h_c^2+q^2/(2g0.95)$
2	8.609	9.333	1	0.829193553	1	8.609	4.919220819	−2.689779181
3	8.609	9.333	0.82919355	0.798516364	0.570122	5.919221	4.919220819	−0.429878064
4	8.609	9.333	0.79851636	0.794069779	0.509157	5.489343	4.919220819	−0.060965237
5	8.609	9.333	0.79406978	0.793450875	0.500698	5.428378	4.919220819	−0.00845853
6	8.609	9.333	0.79345088	0.793365242	0.499528	5.419919	4.919220819	−0.00116983
7	8.609	9.333	0.79336524	0.793353403	0.499367	5.418749	4.919220819	−0.000161718
8	8.609	9.333	0.7933534	0.793351767	0.499344	5.418587	4.919220819	−2.23546E−05
9	8.609	9.333	0.79335177	0.793351541	0.499341	5.418565	4.919220819	−3.09009E−06

二、设计抛物线形量水槽

设计抛物线形量水槽必须要计算槽前水深、渠道正常水深以确定淹没度值。在管理时还需要制定水深流量关系表或水深流量关系曲线。这些计算可利用 Excel 表格的功能进行计算和设计。

举例：底弧半径 $R=0.4$m，衬砌渠道高度 $H_u=0.8$m，直线段外倾角 $\alpha=14°$，渠底比降 $i=1/800$，糙率 $n=0.012$，正常流量 $Q=500$L/s。要求设计抛物线形量水槽。

（一）U 形渠道正常水深计算

已知 U 形渠道的底弧半径 R、渠道衬砌深度 H_u、比降 i、渠床糙率 n 及流量 Q，可以根据流量计算公式用迭代法求出水深。应用 Excel 的功能，建立的水深-流量回归公式法计算渠道水深更简单，对设计量水槽更实用，而且能满足精度要求。在 Excel 表格中，将一系列 h 值代入流量公式中，计算出相应的流量 Q 值。然后利用 Excel 的绘图功能，绘出水深-流量关系曲线并拟合回归公式，利用该公式计算出相应流量值的水深值。这一过程利用 Excel 表格可以快捷的完成，拟合的回归公式精度高。计算步骤如下：

（1）建立工作表 12-2。在表 12-2 中输入 U 形渠道结构尺寸及水力参数，根据有关公式计算衬砌渠道的断面面积 A_u、渠道口宽 B 及底弧弓高 T。

（2）建立工作表 12-3。在表 12-3 中输入系列水深 h 值，计算出相应该水深的过水面积 A、湿周 X、水力半径 R 及谢才系数 C，根据这些数据算出流量值 Q。取水深、流量两列数据，绘出散点图，拟合曲线，回归公式，如图 12-1 所示。需要注意的是，当水深大于 T 值或小于 T 值时过水面积和湿周计算应选用不同的计算公式。

表 12-2　　　　　U 形渠道结构尺寸及水力参数表

R/m	H_u/m	α/(°)	A_u/m²	B/m	T/m	n	i	q/(L/s)
0.4	0.8	14	0.621814	1.024	0.303	0.012	0.00125	

表 12-3　　　　　U 形渠道水深流量计算表

h/m	圆心角/2	A/m²	X/m	R/m	C	Q/(L/s)
0.1	0.722734	0.036265	0.814465	0.044526	49.61213	13.42261
0.2	1.047198	0.09827	1.033765	0.09506	56.29696	60.30559
0.3	1.318116	0.172169	1.236635	0.139224	59.9935	136.2605
0.4		0.252125	1.260626	0.2	63.72704	254.0445
0.5		0.337067	1.466748	0.229806	65.21973	372.5903
0.6		0.426996	1.672871	0.255248	66.37111	506.2199
0.7		0.521912	1.878994	0.277761	67.31276	654.6145
0.8		0.621814	2.085117	0.298216	68.11464	817.7511
0.596		0.423304	1.664626	0.254293	66.32969	500.0

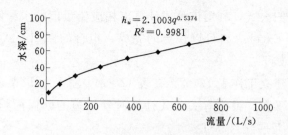

图 12 - 1 U形渠道流量-水深曲线

回归公式为：$h_u = 2.1003q^{0.05374}$，相关系数 $R^2 = 0.9981$，完全满足要求。利用该公式求出相应 $Q = 0.5 m^3/s$ 的正常水深 $h_0 = 0.592m$，用迭代法求出的为 0.596m。

（二）量水槽的流量及槽前水深计算

需要初选 ε 值，根据 U形渠道结构及水力要素初选 $\varepsilon = 0.65$。

1. 量水槽流量计算

流量计算公式为：

$$Q = C_d C_v h^2 / \sqrt{P} \tag{12-3}$$

$$C_v = \left(1 + \frac{\alpha_o c_d^2 c_V^2 h^3}{2gpA^2}\right)^2 \tag{12-4}$$

$$C_d = 1.96 P^{0.011} / \varepsilon^{0.13} \tag{12-5}$$

式中　Q——流量，m^3/s；

$\quad\quad \alpha_o$——行进渠流速分布不均匀系数，对顺直渠道，$\alpha_o \approx 1.08$；

$\quad\quad A$——水尺处相应水深 h 时的过水断面面积，m^2；

$\quad\quad h$——水尺处实测水深，m；

$\quad\quad C_d$——流量系数；

$\quad\quad C_v$——流速系数。

式（12-4）需要用直接迭代法计算，可方便的求出系列水深流量值。

令　　　　　　　　$W = \alpha_0 C_d^2 h^3 / 2gpA^2 \tag{12-6}$

该式的值随水深变化而变。

则流速系数公式可写成：

$$C_v = (1+WC_v^2)^2 \tag{12-7}$$

展开得

$$C_v = 1 + 2WC_v^2 + W^2 C_v^4 \tag{12-8}$$

令 $\quad g(C_v) = C_v = (1+WC_v^2)^2 \tag{12-9}$

令 $\quad f(C_v) = W^2 C_v^4 + 2WC_v^2 - C_v + 1 = 0 \tag{12-10}$

将 U 形渠道的底弧半径 R、衬砌高度 H_u、直线段外倾角 α、收缩比 ε 以及计算公式分别输入 Excel 表格的有关单元格中，再输入水深值，计算出 A 和 W 值。给出 C_v 的初始值，如 1，然后启动迭代运算。当 $f(C_v)=0$ 时，C_v 值即为所求。用该值可以计算出相应该水深的流量。同法，取若干水深求出流量，利用 Excel 功能可绘出水深流量关系曲线或表格，供设计管理应用。

在工作表 12-4 中进行量水槽流量计算。在 A 列输入水深值，根据水深值计算圆心角、过水面积 A、W。给 C_v 初始值，如 1，计算 $g(C_v)$、W_1、W_2 及 $f(C_v)$，启动迭代运算。令单元格 F1 等同单元格 E1，求 $f(C_v)$，当其值等于 0，C_v 即为所求。用其计算流量。同法，可得其他水深的相应流量。表 12-4 给出量水槽水深流量计算迭代终算值，过程从略。

表 12-4　　　　　　　　量水槽水深流量计算表

A	B	C	D	E	F	G	H	I	J
h	圆心角/2	A	w	C_v	$g(C_v)$	W_1	W_2	$f(C_v)$	q
0.19	1.0180	0.0914	0.0362	1.0875	1.0875	0.0018	0.0857	0	35.1
0.29	1.2922	0.1644	0.0397	1.0983	1.0983	0.0023	0.0960	0	82.6
0.39	1.5457	0.2433	0.0442	1.1124	1.1124	0.0029	0.1094	0	151.4
0.49		0.3283	0.0481	1.1257	1.1257	0.0037	0.1220	0	241.8
0.59		0.4177	0.0519	1.1393	1.1393	0.0045	0.1348	0	354.9
0.69		0.5121	0.0552	1.1520	1.1520	0.0053	0.1466	0	490.8
0.79		0.6115	0.0581	1.1637	1.1637	0.0062	0.1575	0	649.9
0.89		0.7159	0.0606	1.1744	1.1744	0.0070	0.1674	0	832.4

2. 量水槽槽前水深计算

取水深流量列绘制水深流量的散点图并拟合曲线图 12-2，得回归公式

$$h_p = 3.304 q^{0.49} , \ R^2 = 1 \qquad (12-11)$$

当流量为 500L/s 时，用上式计算的槽前水深为 69.8cm，迭代求出的为 69.6cm。

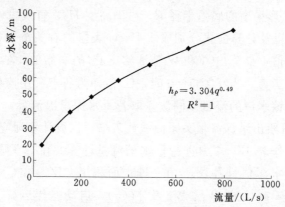

图 12-2　量水槽流量水深图

（三）淹没度的校核

淹没度由 U 形渠道水深及量水槽槽前水深确定，二者的比值即为淹没度。需要选择低、中、高三个水深进行校核。淹没度小于 0.88，量水槽设计满足要求。

由前所求得不同流量的 U 形渠道水深及相应流量的量水槽前水深，其比值列入表 12-5 中，不同流量的淹没度均小于 0.88，设计的量水槽满足要求。

表 12-5　　　　　　　　　　　淹没度计算表

$Q/(L/s)$	h_u/cm	h_p/cm	淹没度
500	59.3	69.4	0.85
350	48.9	58.6	0.83
200	36.2	44.5	0.81

（四）量水槽结构尺寸计算

根据第九章抛物线形量水槽的有关公式分别计算出抛物线形形状系数 P 值、上下游渐变段长度 L 值以及抛物线形喉口坐标尺寸。利用 Excel 可以方便快速进行计算并绘出喉口形状图。抛物线形量水槽参数及渐变段长度见表 12-6。

表 12-6　　抛物线形量水槽 p、B、b 值及渐变段长度计算表

R/cm	H_u/cm	$\alpha/(°)$	ε	T/cm	$p/(cm^{-1})$	B/cm	b/cm	L/cm
40	80	14	0.65	30.32	0.0557	102.3	75.7	79.8

表 12-7　　　　　　　抛　物　线　喉　口　坐　标　值　　　　　　单位：cm

$p/(cm^{-1})$	y	x	y	x	y	x	y	x	y	x
0.055719	0	0	6	10.37	15	16.40	40	26.79	65	34.15
	1	4.23	7	11.20	20	18.94	45	28.41	70	35.44
	2	5.99	8	11.98	25	21.18	50	29.95	75	36.68
	3	7.33	9	12.70	30	23.20	55	31.41	80	37.89
	4	8.47	10	13.39	35	25.06	60	32.81		

抛物线形喉口形状可用 Excel 的绘图功能绘出，见图 12-3，以备制作喉口模板使用。抛物线喉口坐标值见表 12-7。

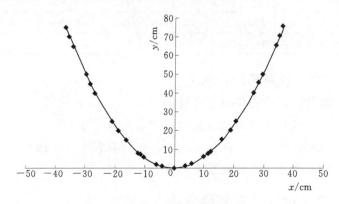

图 12-3　抛物线形喉口形状图

（五）量水槽水深流量查算表

量水槽水深流量表供管理时使用。利用计算量水槽水深流量

213

表（见表 12-4）计算，在工作表 12-4 中 A 列输入 h 的系列值，例如 $h=11\text{cm}$，求得 $q=11.7\text{L/s}$，同法可以求出 $h=21$、31、41、…、81cm 的流量。将 A 列和 J 列分别粘至表 12-8 中的 A 列及 C 列，C 列即为 $h=21$、31、41、…、81cm 的流量。同法，可计算出各个 h 值相应的流量值。管理时可利用表 12-8 查算流量，例如 $R=40\text{cm}$、$H_u=80\text{cm}$、$\alpha=14°$、$\varepsilon=0.65$ 型量水槽，实测槽前水深 $h=45\text{cm}$，求过槽流量 Q。由表 12-8 中的 G 列查得流量 $Q=203\text{L/s}$。

表 12-8 水深流量查算表
(R40H80α14ε65 型) 单位：L/s

A	B	C	D	E	F	G	H	I	J	K
h/cm	0	1	2	3	4	5	6	7	8	9
10	9.7	11.7	13.9	16.4	19.0	21.8	24.9	28.1	31.5	35.1
20	39.0	43.0	47.2	51.7	56.3	61.2	66.2	71.5	77.0	82.7
30	88.6	94.7	101.0	107.5	114.3	121.3	128.5	135.9	143.5	151.4
40	159.4	167.7	176.2	184.9	193.8	203.0	212.0	222.0	231.8	241.9
50	252.2	262.7	273.4	284.4	295.6	307.0	318.6	330.5	342.6	354.9
60	367.5	380.3	393.2	406.5	420.0	433.7	447.7	461.8	476.2	490.9
70	505.7	520.8	536.2	551.7	567.5	583.5	599.8	616.3	633.0	650.0
80	667.2	684.6	702.3	720.2	738.3	756.7	775.3	794.1	813.2	832.5

（六）成果表图汇总

设计完成应提供以下资料：

（1）U 形渠道参数及抛物线形量水槽尺寸表。

（2）抛物线喉口坐标（x、y）值计算表和形状图。

（3）量水槽水深流量查算表。

三、设计文丘利量水槽

1. 量水槽设计

已知流量 Q、渠道底宽 B、边坡系数 m、渠道最大流量时的

渠道水深 H_3、允许上下游水位差 ΔZ，求量水槽喉道宽度 b 及进口弧度的半径 R。

令 ΔZ 为总水头损失，$\Delta Z = H_1 - H_3$

$$\delta = \frac{\Delta Z}{H_1} = \frac{\Delta Z}{H_3 + \Delta Z}$$

压差比 $\qquad\qquad\qquad \eta = \dfrac{\Delta H}{\Delta Z}$

通过理论分析和实验，得出计算 b 及 R 值的三个公式。

$$Q = 7.3b(1 - \eta\delta)[H_3 - (\eta - 1)\Delta Z]\sqrt{\Delta Z} \qquad (12-12)$$

$$\eta = \frac{2.72}{\mu^2 + 5.44\delta}(1 + \eta^2\delta^2) \qquad (12-13)$$

$$\mu = \left[1 + \frac{0.06}{(1 - \eta\delta)} - \left(\frac{b}{B}\right)^2 (1 - \eta\delta)^2\right]^{-0.5} \qquad (12-14)$$

式中　B——矩形渠道的底宽；若为梯形渠道，$B = B_0 + mH_1$，
$\qquad\qquad B_0$ 为梯形渠道的底宽；

$\qquad m$——边坡系数。

利用上列三个公式，可求出量水槽的喉道宽度 b、流量系数 μ 及压差比 η。利用式（12-13），假定一个 μ 值，求出 η 值，将求出的 η 值代入式（12-12）求出 b 值，然后将 η、b 值代入式（12-14）中，求出 μ_0 然后与假定的 μ 值比较，若达不到精度要求，则将通过式（12-14）计算出的 μ 代入式（12-13），再求出一个 η 值，按上述程序求出 b 及 μ，当 η 值达到精度要求时，则 b 值即为所求。这是一个迭代过程，可以利用 Excel 的迭代功能进行计算。令

$$A = \frac{2.72}{\mu^2 + 5.44\delta} \qquad (12-15)$$

则式（12-13）可以用下式表示：

$\eta = A(1 + \eta^2\delta^2)$ 展开得

$$\eta^2\delta^2 - \frac{1}{A}\eta + 1 = 0$$

当 μ 值已知时，该式为显式方程，可写成下式：

$$g(\eta)=\eta=A(1+\eta^2\delta^2) \qquad (12-16)$$

$$f(\eta)=\eta^2\delta^2-\frac{1}{A}\eta+1=0 \qquad (12-17)$$

假定的 μ 值求出的 η 值使方程 $f(\eta)$ 为 0 时，μ 值即为所求，否则需要重新计算，直至方程 $f(\eta)$ 为 0 为止。

为了计算方便，令

$$\alpha_1=1-\eta\delta$$

$$a_2=H_3-(\eta-1)\Delta Z$$

$$a_3=\frac{0.06}{(1-\eta\delta)}$$

$$a_4=\left(\frac{b}{B}\right)^2$$

则

$$Q=7.3b\times a_1\times a_2\times\sqrt{\Delta Z}$$

$$\mu=[1+a_3-a_4^2\times a_1^2]^{-0.5}$$

2. 文丘利量水槽设计算例

已知某矩形渠道底宽 $B=8\mathrm{m}$，流量 $Q=4.8\mathrm{m}^3/\mathrm{s}$，$H_3=1.2\mathrm{m}$，$Z=0.0973\mathrm{m}$，试用 Excel 设计文丘利量水槽。

用 Excel 进行文丘利量水槽设计的步骤如下：

（1）在 Excel 中建立工作表 12-9，表中第 1 行为各个输入参数或计算公式说明单元格，第 4 行为输入的初始值或计算值；A4 单元格 μ_1 为输入的初始值，B4 单元格代表式（12-15）的右边部分，C4 单元格 η 为输入的初始值，D4 单元格 $g(\eta)$ 代表式（12-16）的右部分，E4 单元格 $f(\eta)$ 代表式（12-17）的右部分。单元格 A8、B8、D8、E8 分别输入 a_1、a_2、a_3、a_4 的右边部分，C8、F8 单元格分别输入式（12-12）及式（12-14）的右部分。

（2）在 A5、C5 单元格中分别输入 μ_1 及 η 的初始值，例如 1，计算出 A、$g(\eta)$ 及 $f(\eta)$ 值。

（3）将 η 的试算初始值改为等于迭代公式单元格，即将 C5 单元格等于 D5，启动迭代运算。当 $f(\eta)=0$ 时，满足要求。

（4）工作表 12-9 给出的是计算成果。由表可见，$f(\eta)=0$，$g(\eta)$ 与 η 值相等，μ_1 与 μ 值相等，则 b 值即为所求，$b=2.247\text{m}$，$\mu=0.9933$，$R=3.452\text{m}$。

表 12-9　　　　　　　文丘利量水槽设计表

	A	B	C	D	E	F
1	B	Q	H_3	ΔZ	$H_1=H_3+\Delta Z$	$\delta=\Delta Z/H_1$
2	8	4.8	1.2	0.0973	1.2973	0.0750019
3						
4	μ_1	A	x	$g(x)$	$f(X)$	
5	0.993311	1.950271	1.993887	1.993887	0	
6						
7						
8	a_1	a_2	b	a_3	a_4	μ
9	0.850455	1.103295	2.246566	0.07055	0.078860311	0.9933112
10					R	
11	h_2	q	h_2/h_1	0.59 $(B-b)$	$H_1<0.59$ $(B-b)$	$H_1>0.59$ $(B-b)$
12	1.103295	4.800991	0.850455	3.394526	3.452060254	

3. 量水槽流量查算表的制定

量水槽设计建成后，应制定量水槽的流量查算表，供管理使用。流量查算表也可以用 Excel 表格计算。已知 H_1、H_2 及 b/B 值利用式（12-18）及式（12-19）计算流量。计算时，给出 H_2 及 ΔH 值，利用量水槽流量计算表（表 12-10）计算对应 H_1、H_2、b/B 及 ΔH 值的流量。

$$Q=\mu b H_2 \sqrt{2g\Delta H}=\mu b H_2 \sqrt{2g(H_1-H_2)} \quad (12-18)$$

$$\mu=\left[1+\frac{0.06}{(H_2/H_1)}-\left(\frac{b}{B}\right)^2 (H_2/H_1)^2\right]^{-0.5} \quad (12-19)$$

表 12 - 10　　　　　　　　　　　　量水槽流量计算表

ΔH	h_2	h_1	h_2/h_1	b/B	M	Q
0.22	0.1	0.32	0.3125	0.28082078	0.9189023	428.9
0.22	0.2	0.42	0.47619	0.28082078	0.9499637	886.8
0.22	0.3	0.52	0.576923	0.28082078	0.9632534	1348.8
0.22	0.4	0.62	0.645161	0.28082078	0.9712054	1813.2
0.22	0.5	0.72	0.694444	0.28082078	0.9766587	2279.3
0.22	0.6	0.82	0.731707	0.28082078	0.9806851	2746.4
0.22	0.7	0.92	0.76087	0.28082078	0.9838007	3214.3
0.22	0.8	1.02	0.784314	0.28082078	0.9862925	3682.8
0.22	0.9	1.12	0.803571	0.28082078	0.9883351	4151.7
0.22	1	1.22	0.819672	0.28082078	0.9900424	4621.0
0.22	1.1	1.32	0.833333	0.28082078	0.9914919	5090.5

改变 ΔH 值可得相应该值的 h_1、M 及 Q 值,据此可以制定该量水槽的流量查算表,见表 12 - 11。

表 12 - 11　　　　　　　　　　　　量水槽流量查算表

H_2/cm	ΔH/cm								
	10	12	14	16	18	19	19.5	20	22
10	300.0	326.4	350.2	372.1	392.3	401.9	406.6	411.2	428.9
20	612.7	668.0	718.3	764.7	808.0	828.5	838.6	848.5	886.8
30	927.7	1012.2	1089.4	1160.7	1227.2	1258.9	1274.4	1289.7	1348.8
40	1243.6	1357.7	1462.0	1558.4	1648.4	1691.4	1712.4	1733.1	1813.2
50	1560.0	1704.0	1835.5	1957.3	2071.0	2125.2	2151.8	2178.0	2279.3
60	1876.8	2050.7	2209.7	2356.8	2494.3	2560.0	2592.1	2623.8	2746.4
70	2193.8	2397.7	2584.2	2756.8	2918.3	2995.4	3033.1	3070.3	3214.3
80	2510.9	2744.9	2958.9	3157.2	3342.7	3431.2	3474.6	3517.3	3682.8
90	2828.2	3092.2	3333.9	3557.9	3767.4	3867.4	3916.4	3964.7	4151.7
100	3145.5	3439.7	3709.1	3958.7	4192.3	4303.9	4358.5	4412.4	4621.0
110	3462.9	3787.2	4084.3	4359.7	4617.4	4740.5	4800.8	4860.3	5090.5

参 考 文 献

［1］ 黄文鍉．水力学［M］．北京：人民教育出版社，1980．

［2］ 王锦生．水文测验手册［M］．北京：水利电力出版社，1983．

［3］ 陈炯新，等．灌区量水手册［M］．北京：水利电力出版社，1984．

［4］ 杨天，等．节水灌溉技术手册［M］．北京：中国大地出版社，2002．

［5］ 蔡勇，周明耀．灌区量水实用技术指南［M］．北京：中国水利水电出版社，2001．

［6］ 陕西省水利厅，陕西省质量技术监督局．U形渠槽标准［S］．2000．

［7］ 张志昌．U形渠道直壁式量水槽［J］．陕西水利，1992（1）．

［8］ 尚民勇．U形渠道长喉道量水槽［J］．陕西水利，1991（30）．

［9］ 朱凤书，等．闸前短管量水试验研究［M］，北京：水利电力出版社，1993．

［10］ 张义强．文丘利自动化量水系统在河套灌区末级渠道中的应用研究［G］．//中国农业工程学会农业水土工程专业委员会．现代节水高效农业与生态灌区建设．昆明：云南大学出版社，2010．

［11］ 王竹青．超声波流量计在大型渠道测流中的应用［J］．节水灌溉，2007（7）．

［12］ 赵胜凯，王志芳．ADCP基本原理及应用［J］．河北水利，2007（11）．

［13］ 郭宗信．流速仪测流法及其在石津灌区的应用［G］．//水利部多泥沙渠系量水技术研讨班教材，1988．

［14］ 黄河宁．宽带声学多普勒技术用于灌区量水试验研究Ⅱ——固定式H－ADCP在线流量监测及其流量算法［J］．中国农村水利水电，2007（11）．

［15］ 张琳．韩国昌民技术有限公司多声道超声流量计应用服务在中国［J］．石油化工自动化，2003．

［16］ 姚永熙，等．声学时差法流量计在明渠流量测验中的应用［J］．水利水文自动化，2006（3）．

［17］ 张义强．平原灌区末级渠道量水试验研究［J］．人民长江，2009（9）．

［18］ 李新，等．DGN—1型多功能流量计［J］．灌溉排水，1994（3）．

［19］ 王智，朱凤书，等．平底抛物线形无喉段量水槽试验研究［J］．水利学报，1994（3）．

[20] 史伏初．文丘利水槽——适用于平原灌区的大型量水设备 [J]．江苏水利科技，1993（3）．

[21] 吕宏兴，等．机翼形量水槽的试验研究 [J]．农业工程学报，2006（9）．

[22] 卢胜利，等．引黄灌渠斗口流量软测量技术 [J]．仪器仪表学报，2005（10）．

[23] 刘晓岩，等．引黄涵闸流量自动监测技术研究 [J]．人民黄河，2001（11）．

[24] 杨汉塘．平原灌区田间渠道量水计研制 [J]．水利水电科技进展，1999（4）．

[25] 苏笑曦．走航式 ADCP 在唐徕渠流量测验中的应用初探 [J]．陕西水利，2011（4）．

[26] 何振．声学多普勒流速仪量水自动测报系统在灌区明渠中的应用 [J]．江西水利科技，2013（6）．

[27] 杨林辉．中山市岐江河西河水闸 H－ADCP 流量关系率定分析 [J]．中国西部科技，2012（5）．

[28] 乔双全，等．Excel 迭代功能在水力计算中的应用 [J]．黑龙江水利科技，2011（5）．

[29] 丁丽泽．利用 Excel 实现明渠特征水深计算 [J]．水利与建筑工程学报，2013（2）．

[30] 王长德．量水技术与设施 [M]．北京：中国水利水电出版社，2006．

[31] 王池，等．流量测量技术全书 [M]．北京：化学工业出版社，2012．